极简Python

新手编程之道

关东升◎编著

清华大学出版社

北京

内 容 简 介

本书是一部系统论述 Python 编程语言和实际应用技术的图书，全书共分为 13 章。第 1～8 章讲解 Python 基本语法；第 9～13 章讲解 Python 实际应用的技术。主要内容包括编写第一个 Python 程序、Python 基本语法、Python 数据类型、函数、面向对象编程、日期和时间、异常处理、访问文件和目录、GUI 编程、网络编程、多线程、MySQL 数据库编程和访问 Excel 文件。每章后面安排了"动手练一练"实践环节，旨在帮助读者消化和吸收本章所讲解的知识点，在本书附录 A 中提供了动手练一练参考答案。

为便于读者高效学习，快速掌握 Python 编程方法，作者精心制作了配套的教学课件、源代码和微课视频，并提供在线答疑服务。本书适合零基础入门的读者，可作为高等院校和培训机构的教材。

图书在版编目（CIP）数据

极简 Python：新手编程之道/关东升编著.—北京：清华大学出版社，2023.10
ISBN 978-7-302-63049-4

Ⅰ．①极… Ⅱ．①关… Ⅲ．①软件工具－程序设计 Ⅳ．①TP311.561

中国国家版本馆 CIP 数据核字（2023）第 042997 号

策划编辑：盛东亮
责任编辑：钟志芳
封面设计：赵大羽
责任校对：时翠兰
责任印制：沈　露

出版发行：清华大学出版社
  网 址：http://www.tup.com.cn，http://www.wqbook.com
  地 址：北京清华大学学研大厦 A 座 邮 编：100084
  社 总 机：010-83470000 邮 购：010-62786544
  投稿与读者服务：010-62776969，c-service@tup.tsinghua.edu.cn
  质量反馈：010-62772015，zhiliang@tup.tsinghua.edu.cn
  课件下载：http://www.tup.com.cn，010-83470236
印　装　者：三河市龙大印装有限公司
经 销：全国新华书店
开 本：186mm×240mm 印　张：13.25 字 数：295 千字
版 次：2023 年 10 月第 1 版 印 次：2023 年 10 月第 1 次印刷
印 数：1～1500
定 价：59.00 元

产品编号：100273-01

前言
PREFACE

写作目的

在我 20 多年的 IT 职业生涯中，我教授过很多 Python 学员，他们中大部分都是初学者，期待有一本能够快速入门的编程图书。我曾出版过多种形式的图书，如"从小白到大牛系列""漫画系列"等，这些系列图书采用不同风格介绍编程语言。"极简开发者书库"秉承讲解简单、快速入门和易于掌握的原则，是为新手入门而设计的系列图书。本书属于"极简开发者书库"中的讲授 Python 语言的图书。

读者对象

本书是一本讲解 Python 语言的基础图书，如果你想零基础入门，那么本书非常适合。本书不仅适合作为高校学生学习 Python 语言的教材，也适合作为培训机构的培训教材。

相关资源

为了更好地为广大读者服务，本书提供配套源代码、教学课件、微课视频和在线答疑服务。

致谢

感谢清华大学出版社的编辑给我提出了宝贵的意见。感谢智捷课堂团队的赵志荣、赵大羽、关锦华、闫婷娇、王馨然、关秀华和赵浩丞参与本书部分内容的写作。感谢赵浩丞手绘了书中全部插图，并从专业的角度修改书中图片，力求将本书内容更加真实完美地奉献给广大读者。感谢我的家人容忍我的忙碌，正是他们的关心和照顾，使我能抽出时间，投入精力专心编写本书。

由于 Python 编程应用不断更新迭代，而作者水平有限，书中难免存在不妥之处，请读者提出宝贵修改意见，以便再版时改进。

关东升

2023 年 6 月

知识结构
CONTENT STRUCTURE

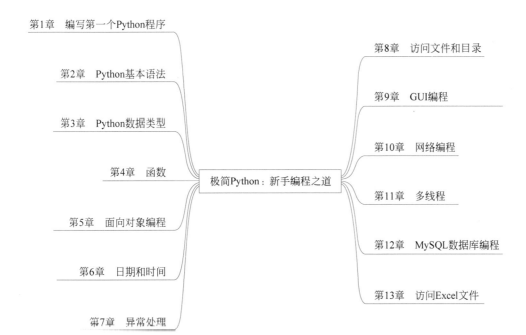

第1章　编写第一个Python程序

第2章　Python基本语法

第3章　Python数据类型

第4章　函数

第5章　面向对象编程

第6章　日期和时间

第7章　异常处理

极简Python：新手编程之道

第8章　访问文件和目录

第9章　GUI编程

第10章　网络编程

第11章　多线程

第12章　MySQL数据库编程

第13章　访问Excel文件

目 录
CONTENTS

▶ 微课视频 45 分钟

第 1 章

编写第一个 Python 程序

Hello World 程序一般是初学者学习编程过程中遇到的第一个程序,本章通过编写
Hello World 程序,让初学者了解 Python 语言的程序结构,以及运行过程。

1.1　Python 解释器

Python 语言是一种解释性语言,Python 程序代码需要通过解释器才能运行,因此,首
先要安装 Python 解释器。由于历史的原因,Python 解释器有多个版本,这些版本主要
包括:

(1) CPython:是 Python 官方提供的解释器。一般情况下,我们提到的 Python 就是指
CPython。CPython 是基于 C 语言编写的,它实现的 Python 解释器能够将源代码编译为字
节码(Bytecode),类似于 Java 语言,然后再由虚拟机执行,这样当再次执行相同源代码文件

时，如果源代码文件没有被修改过，那么它会直接解释执行字节码文件，这样会提高程序的运行速度。

（2）PyPy：是基于 Python 实现的 Python 解释器，速度要比 CPython 快，但兼容性不如 CPython。

（3）Jython：是基于 Java 实现的 Python 解释器，可以将 Python 代码编译为 Java 字节码，也可以在 Java 虚拟机下运行。

（4）IronPython：是基于.NET 平台实现的 Python 解释器，可以使用.NET Framework 链接库。

考虑到兼容性和性能，本书使用 Python 官方提供的 CPython 作为 Python 学习环境。Python 官方提供的 CPython 有多个不同平台版本（Windows、Linux/UNIX 和 macOS），大部分 Linux、UNIX 和 macOS 操作系统都已经安装了 Python，只是版本有所不同。

截至本书编写完成，Python 官方对外发布的最新版是 Python 3.10，图 1-1 是 Python 下载界面，读者可以单击 Download Python 3.10.6 按钮下载适合本机的 Python 安装文件。

Python 安装文件下载完成后就可以准备安装了，双击该安装文件开始安装，安装过程中会弹出如图 1-2 所示的内容选择对话框，勾选 Add Python 3.10 to PATH 复选框可以将 Python 的安装路径添加到环境变量 PATH 中，这样就可以在任何目录下使用 Python 命令。选择 Customize installation 可以自定义安装，笔者推荐选择 Install Now，为默认安装方式。单击 Install Now 开始安装，直到安装结束关闭对话框，则安装成功。

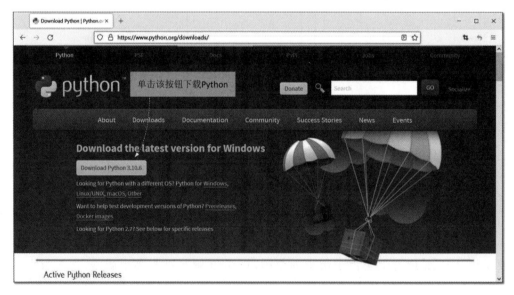

图 1-1　Python 下载界面

Python 安装完成后，可以在计算机桌面"开始"菜单中找到，如图 1-3 所示内容。

图 1-2　内容选择对话框

图 1-3　计算机桌面"开始"菜单

1.2　使用交互方式编写和运行 Python 程序代码

微课视频

　　Python 安装完成后,在"开始"菜单中带有一个 IDLE 工具(见图 1-3),这是一个简单地编写和运行 Python 程序代码的工具,它采用交互方式运行 Python 程序代码。

***

　　💡提示　交互方式运行:该种方式输入程序代码后,按回车键提交给 Python 编译器,编译器会马上执行代码,执行完成后将结果返回,这就像是两个人在对话一样。交互方式运行程序代码比较适合执行一些简单的程序指令。

***

　　交互方式运行 Python 程序代码比较简单,下面就通过这种方式实现 Hello World 程序。首先，在开始菜单中单击 IDLE 菜单项，启动 IDLE 工具（如图 1-4 所示），其中>>>符号是输入 Python 程序指令（代码）提示符。

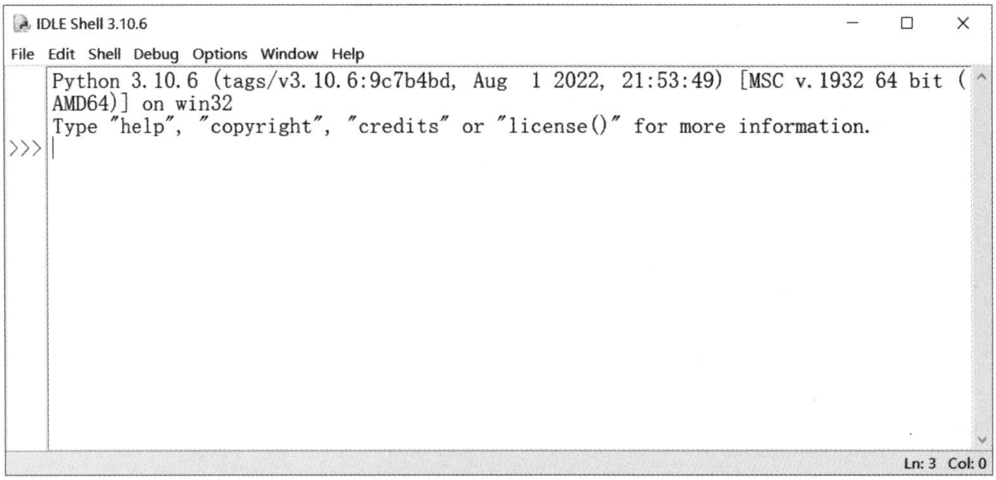

```
IDLE Shell 3.10.6                                              —    □    ×
File  Edit  Shell  Debug  Options  Window  Help
   Python 3.10.6 (tags/v3.10.6:9c7b4bd, Aug  1 2022, 21:53:49) [MSC v.1932 64 bit (
   AMD64)] on win32
   Type "help", "copyright", "credits" or "license()" for more information.
>>> |




                                                                    Ln: 3  Col: 0
```

图 1-4　IDLE 工具

在 IDLE 窗口中输入 Python 程序代码并执行，如图 1-5 所示。

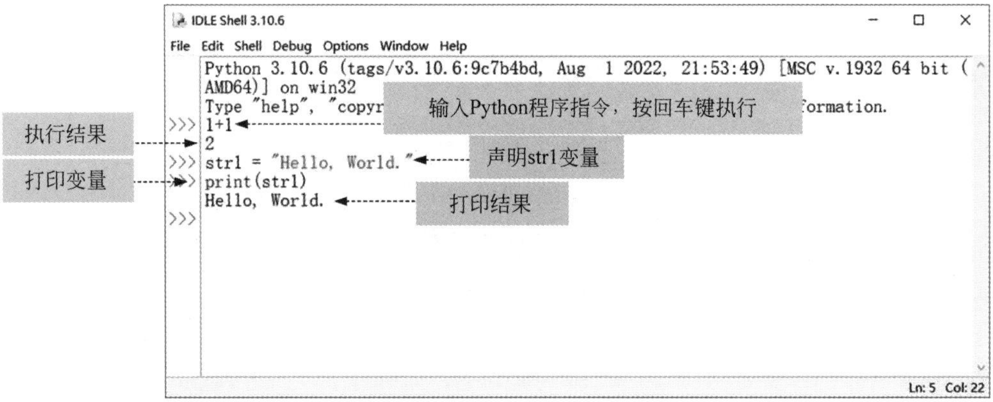

```
IDLE Shell 3.10.6                                              —    □    ×
File  Edit  Shell  Debug  Options  Window  Help
   Python 3.10.6 (tags/v3.10.6:9c7b4bd, Aug  1 2022, 21:53:49) [MSC v.1932 64 bit (
   AMD64)] on win32
   Type "help", "copyr        输入Python程序指令，按回车键执行     formation.
>>> 1+1
执行结果  →  2
   str1 = "Hello, World."  ←        声明str1变量
打印变量  →  print(str1)
   Hello, World.  ←           打印结果
>>>
                                                                    Ln: 5  Col: 22
```

图 1-5　输入代码并执行

上述代码中 str1 是字符串变量，它保存了 Hello, World. 字符串，而 print 函数可以打印字符串变量 str1。

1.3　使用文件方式编写和运行 Python 程序文件

微课视频

如果程序代码比较复杂，通常会将程序代码保存为 .py 文件。

1.3.1　使用记事本编写 Python 文件

Python 文件是一个文本文件，开发人员可以使用任何的文本编辑工具编写。IDLE 工具也可以编写 Python 代码，编写过程可通过单击菜单 File→New File 命令新建文件，编写 Python 程序代码，如图 1-6 所示，然后保存文件。

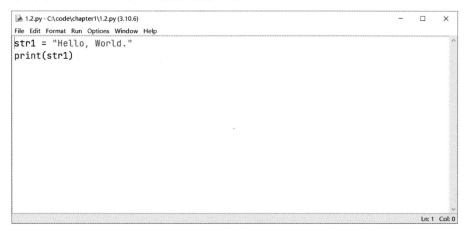

图 1-6　编写代码

1.3.2　运行 Python 程序文件

在 IDLE 工具中运行 Python 程序文件很简单，如果 IDLE 工具已经打开了 Python 文件，则通过按 F5 键就可以运行，如图 1-7 所示。

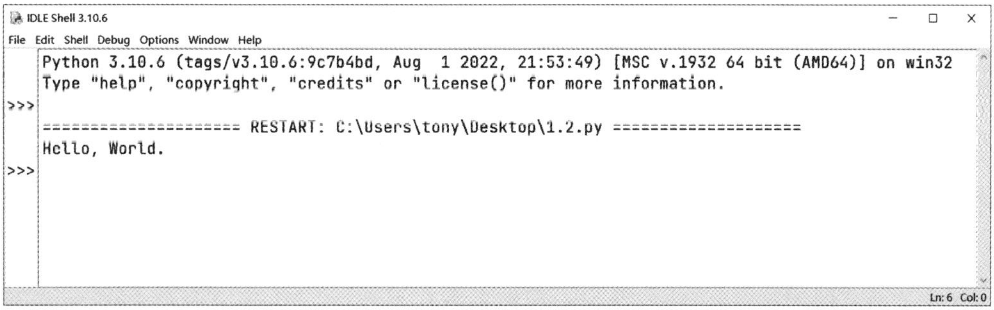

图 1-7　运行 Python 文件

如果 IDLE 工具没有打开 Python 文件，则需要在安装了 Python 解释器的计算机上，打开终端窗口（Windows 命令提示符窗口），然后通过 Python 指令运行文件，如图 1-8 所示。

提示　在 Windows 系统中通过按快捷键 Windows+R 打开如图 1-9 所示的"运行"对话框，在"打开"栏中输入 cmd 指令，然后按回车键即可打开命令提示符窗口。

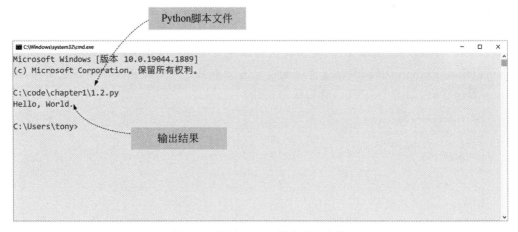

图 1-8 通过 Python 指令运行文件

图 1-9 "运行"对话框

1.4 Python 语言那些事

经过前面的学习，读者应该对 Python 程序有了一定的了解，下面介绍 Python 语言。

1.4.1 Python 语言的历史

微课视频

Python 语言之父荷兰人吉多·范罗苏姆（Guido van Rossum）在 1989 年圣诞节期间，为了打发圣诞节的无聊时间，决心开发一门解释程序语言。1991 年第一个 Python 解释器公开版发布，它是用 C 语言编写实现的，并能够调用 C 语言的库文件。Python 一诞生就已经具有了类、函数和异常处理等内容，包含字典、列表等核心数据结构，以及模块为基础的拓展系统。

2000 年 Python 2.0 发布，Python 2 的最后一个版本是 Python 2.7，Python 官方于 2020 年 1 月 1 日停止了对 Python 2.7 支持。2008 年 Python 3.0 发布，Python 3 与 Python 2 是不兼容的，由于很多 Python 程序和库都是基于 Python 2 的，所以 Python 2 和 Python 3 程序会长期并存的，不过 Python 3 的新功能吸引了很多开发人员，他们已从 Python 2 升级到

Python 3。初学者如果学习 Python，应该从 Python 3 开始。

Python 意为"蟒蛇"，一想到这种动物人们就不会有很愉快的感觉。那为什么这种新语言取名为 Python 呢？那是因为吉多喜欢看英国电视秀节目《蒙提·派森的飞行马戏团》（*Monty Python's Flying Circus*），于是他将这种新语言起名为 Python。

1.4.2　Python 语言的特点

微课视频

Python 语言能够流行起来，并长久不衰，得益于 Python 语言的很多优点。其优点如下。

1）简单易学

Python 语言简单易学，它使用户专注于解决问题而不是过多关注语言本身。

2）面向对象

Python 支持面向对象的编程，与其他主要的语言（如 C++ 和 Java）相比，Python 以一种非常强大而又简单的方式实现面向对象编程。

3）解释性

Python 是解释执行的，即 Python 程序不需要编译成二进制代码，可以直接从源代码运行程序。在计算机内部，Python 解释器把源代码转换成为中间字节码形式，然后再把它解释为计算机使用的机器语言并执行。

4）免费开源

Python 是免费开放源码的软件。简单地说，每个人都可以自由地发布复制这个软件的内容、阅读源代码以及对它做改动，把它的一部分用于新的自由软件中。

5）可移植性

Python 解释器已经被移植到许多平台上，Python 程序无须修改就可以在多个平台上运行。

6）胶水语言

胶水语言可以用来连接其他语言编写的软件组件或模块。Python 被称为胶水语言是因为 Python 标准版本是用 C 编译的，称为 CPython。Python 可以调用 C 语言，借助于 C 接口，Python 几乎可以驱动所有已知的软件。

7）丰富的库

Python 标准库（官方提供的）种类繁多，它可以帮助处理各种工作。这些库不需要安装，可以直接使用。除了标准库外，还有许多其他高质量的库可以使用。

8）规范的代码

用 Python 语言编写代码时，采用强制缩进的方式，使得代码具有极佳的可读性。

9）支持函数式编程

虽然 Python 并不是一种单纯的函数式编程，但是也提供了函数式编程的支持，如函数类型、lambda 函数和高阶函数等。

10）动态类型

Python 是动态类型语言，它不会检查数据类型，在变量声明时不需要指定数据类型。

1.5　Python 语言的应用前景

微课视频

Python 与 Java 语言一样，都是高级语言，它们不能直接访问硬件，也不能编译为本地代码运行。除此之外，Python 几乎可以做任何事情。下面是 Python 语言主要的应用前景。

1）桌面应用开发

Python 语言可以开发传统的桌面应用程序，如 Tkinter、PyQt、PySide、wxPython 和 PyGTK 等，Python 库可以快速开发桌面应用程序。

2）Web 应用开发

Python 也经常被用于 Web 开发。很多网站是基于 Python Web 开发的，如豆瓣、知乎和 Dropbox 等。很多成熟的 Python Web 框架，如 Django、Flask、Tornado、Bottle 和 web2py 等，可以帮助开发人员快速开发 Web 应用。

3）自动化运维

Python 可以编写服务器运维自动化脚本。很多服务器采用 Linux 和 UNIX 系统，以前很多运维人员编写系统管理 Shell 脚本实现运维工作。而现在使用 Python 编写系统管理，在可读性、性能、代码可重性、可扩展性等方面优于普通 Shell 脚本。

4）科学计算

Python 语言还广泛地应用于科学计算，如 NumPy、SciPy 和 Pandas 是优秀的数值计算和科学计算库。

5）数据可视化

Python 语言也可将复杂的数据通过图表展示出来，便于数据分析。Matplotlib 库是优秀的可视化库。

6）网络爬虫

Python 语言很早就用来编写网络爬虫，如谷歌等搜索引擎公司大量地使用 Python 语言编写网络爬虫。从技术层面上讲，Python 语言有很多这方面的工具，如 urllib、Selenium 和 BeautifulSoup 等。另外，Python 语言还有网络爬虫框架 Scrapy。

7）人工智能

人工智能是现在非常火的一个方向。Python 广泛应用于深度学习、机器学习和自然语言处理等领域。由于 Python 语言的动态特点，很多人工智能框架是采用 Python 语言实现的。

8）大数据

Python 中有成熟库可以完成大数据分析中涉及的分布式计算、数据可视化、数据库操作等。Hadoop 和 Spark 都可以直接使用 Python 编写计算逻辑。

9）游戏开发

Python 可以直接调用 Open GL 实现 3D 绘制，这是高性能游戏引擎的技术基础。所以目前市场上有很多用 Python 语言实现的游戏引擎，如 Pygame、Pyglet 和 Cocos2d 等。

1.6　如何获得帮助

微课视频

作为一个初学者，要熟悉如下几个 Python 相关网址：

（1）Python 标准库：https://docs.python.org/3/library/index.html。

（2）Python HOWTO：https://docs.python.org/3/howto/index.html。

（3）Python 教程：https://docs.python.org/3/tutorial/index.html。

（4）PEP① 规范：https://www.python.org/dev/peps/。

1.7　动手练一练

编程题

（1）通过 IDLE 工具，以交互方式编写 Python 程序代码，输出"世界，您好!"字符串。

（2）通过文本编辑工具，编写 Python 文件，然后运行该文件，输出"世界，您好!"字符串。

---

① PEP(Python Enhancement Proposals)是为 Python 社区提供各种增强功能的技术规格说明书，也是通过提交 Python 的新特性，让 Python 社区指出问题，精确化技术文档的提案。

第 2 章

Python 基本语法

第 1 章介绍了如何编写和运行 Hello World 的 Python 程序,读者应该对于编写和运行 Python 程序有了一定了解。本章介绍 Python 基本语法,包括标识符、关键字、常量、变量、表达式、语句、注释、模块和包等内容。

微课视频

2.1 标识符和关键字

在程序代码中标识符和关键字都是重要的代码元素。

2.1.1 标识符

在程序代码中,变量、常量、函数、属性、类、模块和包等的名称是由程序员自己指定的,这些名称就是标识符。标识符虽然是由程序员自定义的,但也要遵守一定规则。Python 语言中标识符的命名规则如下:

（1）字符区分大小写：name 与 Name 是两个不同的标识符。

（2）首字符可以是下画线(_)或字母，但不能是数字。

（3）除首字符外，其他字符可以由下画线(_)、字母和数字构成。

（4）关键字不能作为标识符。

（5）不要使用 Python 内置函数作为标识符。

合法标识符如下：

identifier、userName、User_Name、_sys_val 和身高。

非法标识符如下：

2mail、room♯、$Name 和 class。

提示　　在上述合法的标识符中，"身高"虽然是中文命名，但它也是合法的。上述标识符非法的原因是：2mail 非法是因为数字开头；room♯ 非法是因为包含非法字符♯；$Name 非法是因为首字符是$；class 非法是因为 class 是关键字。

2.1.2　关键字

除了由程序员自定义的标识符外，在程序代码中还有 Python 语言本身定义的代码元素——关键字。Python 语言中有 33 个关键字，这些关键字有特殊的含义，具体内容如表 2-1 所示。

表 2-1　关键字

关　键　字			
False	def	if	raise
None	del	import	return
Truc	elif	in	try
and	else	is	while
as	except	lambda	with
assert	finally	nonlocal	yield
break	for	not	
class	from	or	
continue	global	pass	

从表 2-1 中可见，只有 False、None 和 True 三个关键字的首字母是大写的，其他的关键字全部小写。

2.2　语句

语句是代码的重要组成部分，在 Python 语言中，一般情况下一行代码表示一条语句，语句结束可以加分号，也可以省略分号。示例代码如下：

微课视频

```
# 2.2 语句
str1 = "Hello, World."              # 声明 str1 变量
print(str1)
_hello = "HelloWorld" ;            # 分号(;)没有省略,程序没有错误发生

var1 = "Tom"; var2 = "Bean"        # 一行代码有两条语句
a = b = c = 10                     # 链式赋值语句,一次可以为多个变量赋相同的数值      ①
```

> 🔊**提示**　在 Python 语言中一条语句结束,虽然可以使用分号,但是一般推荐省略分号。另外,从编程规范的角度讲,每行至多包含一条语句,因此代码第①行的写法是不规范的。

微课视频

2.3　变量

在 Python 中,声明变量时不需要指定它的数据类型,只要给一个变量赋值就声明数据类型,示例代码如下:

```
# 2.3 变量

_hello = "HelloWorld"              # 声明字符串类型变量_hello
score = 0.0                        # 声明浮点类型变量 score
y = 20                             # 声明整数类型变量 y
y = True                           # 变量 y 被重新赋值为布尔值 True        ①
```

注意代码第①行是给 y 变量赋布尔值 True,虽然 y 已经保存了整数类型 20,但它也可以重新赋值为其他数据类型。

> 🔊**提示**　Python 是动态类型语言,动态类型语言会在运行期检查变量或表达式数据类型,动态类型语言主要有 Python、PHP 和 Objective-C 等。与动态类型语言对应的还有静态类型语言,静态类型语言,如 Java 和 C++等会在编译期检查变量或表达式的数据类型。

微课视频

2.4　注释

Python 程序的注释使用#符号,#符号位于注释行的开头,#符号后面有个空格,接着是注释内容,如图 2-1 所示。

使用注释示例代码如下:

```
# coding = utf - 8                                      ①
# 2.4 注释
_hello = "HelloWorld"              # 声明字符串类型变量_hello
score = 0.0                        # 声明浮点类型变量 score
y = 20                             # 声明整数类型变量 y
y = True                           # 变量 y 被重新赋值为布尔值 True
```

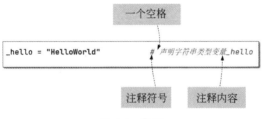

图 2-1　注释

代码第①行注释的作用很特殊,是设置 Python 代码文件的编码集,该注释语句必须放在文件的第一行或第二行才能有效。

2.5　缩进

微课视频

在 if、for 和 while 等语句中会涉及代码块,在 Java、C 等语言中是通过大括号({})来界定的,而在 Python 语言中,代码块是通过缩进实现的,缩进在一个级别中的代码是在相同的代码块中。示例代码如下:

```
# coding = utf - 8
# 2.5 缩进
_hello = "HelloWorld"
score = 80
y = 20
y = True
if score >= 60:
    print("及格。")                                            ①
else:
    print("不及格。")                                          ②
    print("y = ", y)        # print 函数有两个参数,打印结果会将两个参数拼接起来    ③
    y = False                                                 ④

print(_hello)                                                 ⑤
print("y = ", y)                                             ⑥
```

上述代码第①、②和③行是一个缩进级别,代码第⑤行和第⑥行是同一个缩进级别,如图 2-2 所示。当 score >= 60 为 True 时,执行第①行所在代码块;当 score >= 60 为 False 时,执行第②行和第③行所在的代码块。而第⑤和⑥行所在的代码块是在 if 语句结束后执行的。

上述代码执行结果如下:

```
及格.
HelloWorld
y = True
```

```
# coding=utf-8
# 2.5 缩进
_hello = "HelloWorld"
score = 80
y = 20
y = True
if score >= 60:
    print("及格。")
else:
    print("不及格。")
    print("y=", y)
    y = False

print(_hello)
print("y = ", y)
```

图 2-2　缩进

2.6 续行符

从编程规范来说，一行代码不应该超过 80 个字符。但有时代码确实很长，Python 语言中可以通过反斜杠(\)将后面的代码连接起来，此时的反斜杠称为续行符。

示例代码如下：

```
# coding = utf - 8
# 2.6 续行符
var1 = var2 = var3 = var4 = var5 = var6 = var7 = var8 \      ①
    = var9 = var10 = var11 = \                               ②
    var12 = var13 = var14 = var15 = var16 = 100             ③
if var1 > = 60 and var2 > = 60 and \                        ④
    var3 > = 60 and var4 > = 60\                            ⑤
    and var5 > = 60 \                                       ⑥
    and var6 > = 60:                                        ⑦
    print("及格")
```

上述代码事实上只有三条语句，其中代码第①～③行是一条语句，它们通过续行符连接起来，注意续行符后没有空格。而第④～⑦行也是一条语句，它们也是通过续行符连接起来的。

2.7 Python 代码组织方式

Python 语句通过模块(Module)和包(Package)管理和组织代码。

2.7.1 模块

模块是保存代码的最小单位，一个 Python 文件就是一个模块。模块中可以声明变量、常量、函数、属性和类等 Python 程序元素。一个模块可以访问另一个模块中的程序元素。

下面通过示例介绍模块的使用，现有两个模块：module1 和 module2，两个模块中都声明相同名称的变量 Money。

module1.py 代码如下：

```
# coding = utf - 8
```

```
# module1
# 代码文件 module1.py

print('进入 module1 模块')

Money = 2000                    # 声明变量
xyz = 10                        # 声明变量
```

module2.py 代码如下：

```
# coding = utf - 8
# module2
# 代码文件 module2.py

print('进入 module2 模块')

Money = 100                    # 声明变量
```

module1 和 module2 模块中的代码元素需要使用 import 语句实现。例如在 2.7.1-1py 文件中访问 module1 和 module2 模块中的 Money 变量，示例代码如下：

```
# coding = utf - 8
# 2.7.1 - 1 模块

import module1, module2              # 引入 module1 和 module2,多个模块之间用逗号分隔

print('进入 2.7.1 模块')
Money = 800

print("打印当前模块中 Money 变量", Money)
print("打印 module1 模块中 Money 变量", module1.Money)    # 访问 module1 中的 Money 变量,注意
                                                    # 需要加 module1. 前缀
print("打印 module2 模块中 Money 变量", module2.Money)    # 访问 module2 中的 Money 变量,注意
                                                    # 需要加 module2. 前缀
```

上述代码执行结果如下：

```
进入 module1 模块
进入 module2 模块
进入 2.7.1 模块
打印当前模块中 Money 变量 800
打印 module1 模块中 Money 变量 2000
打印 module2 模块中 Money 变量 100
```

为了访问其他模块中的子代码，不仅需要在模块开始时使用 import 语句引入模块，而且在使用其他模块中的代码元素时需要加前缀"模块名."访问。

由于在访问其他模块代码元素时需要加前缀"模块名."访问，这样比较麻烦，可以使用"from <模块名> import"语句实现。示例代码如下：

```
# coding = utf - 8
# 2.7.1 - 2 模块
```

```
from module1 import xyz          # 引入 module1 模块中 xyz 变量        ①
from module2 import *            # 引入 module2 模块中所有代码元素      ②

print('进入 2.7.1 模块')
Money = 800

print("打印当前模块中 Money 变量", Money)      # 访问当前模块中的 Money 变量
print("打印 module1 模块中 Money 变量", Money)  # 还是访问当前模块中的 Money 变量    ③
print("打印 module2 模块中 Money 变量", xyz)    # 访问 module2 中的 xyz 变量
```

上述代码第①行是引入 module1 模块中 xyz 变量，如果需要引入所有代码元素，可以使用 * 号，见代码第②行。

注意 　使用了 from <模块名> import 语句引入后，访问代码元素时可以省略"模块名."前缀，但是注意不同模块中相同名称代码元素的冲突问题，例如代码第③行访问的 Money 变量还是当前模块中的 Money 变量。

2.7.2 　包

如果有两个相同名称的模块，如何防止命名冲突呢？那就使用包，包本质上是一种命名空间。

提示 　包的命名规范与模块命名规范相同。

2.7.3 　创建包

包本质上是一个文件夹，但是该文件夹下会有一个 __init__.py 文件（注意 init 前后分别是两个双下画线），该文件内容是空的，用来告诉 Python 解释器该文件夹是一个包。例如，在项目中创建 pkg2 和 pkg1 两个包，如图 2-3 所示。

2.7.4 　引入包

微课视频

包创建好后，将两个模块 hello 分别放到不同的包，如 pkg1 和 pkg2 中，如图 2-4 所示。

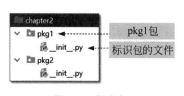

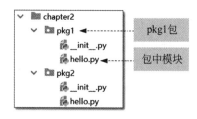

图 2-3　创建包　　　　　　　　　　图 2-4　将模块放入包中

为了访问包中元素，需要 import 语句导入包中元素。

pkg1 的 hello 模块代码：

```
# coding = utf-8
# hello
# 代码文件 chapter2/pkg1/hello.py

print('进入 module1 模块')

Money = 2000            # 声明变量
xyz = 10                # 声明变量
```

pkg2 的 hello 模块代码：

```
# coding = utf-8
# hello
# 代码文件 chapter2/pkg2/hello.py

print('进入 module2 模块')

Money = 100                # 声明变量
```

调用 hello 模块 2.7.4.py 代码：

```
# coding = utf-8
# 引入包
# 2.7.4.py

from pkg1.hello import xyz          # 引入 pkg1 包中 hello 模块中 xyz 变量
from pkg2.hello import *            # 引入 pkg2 包中 hello 模块中所有代码元素

print('进入 2.7.4 模块')

print("打印 Money 变量", Money)      # 访问 pkg2 包 hello 模块中 Money 变量
print("打印 xyz 变量", xyz)          # 访问 pkg2 包 hello 模块中 xyz 变量
```

上述代码执行结果如下：

```
进入 module1 模块
进入 module2 模块
进入 2.7.4 模块
打印 Money 变量 100
打印 xyz 变量 10
```

2.8 运算符

表达式由运算符和操作数构成，本节介绍 Python 语言中的运算符，其中包括算术运算符、关系运算符、逻辑运算符、位运算符和赋值运算符。

2.8.1 算术运算符

Python 中的算术运算符用来组织整型和浮点型数据的算术运算。按照参加运算的操作数的不同，算术运算符可以分为一元算术运算符和二元算术运算符。

1. 一元算术运算符

Python 中一元运算符有多个，但是一元算术运算符只有一个，即：-。-是取反运算符，例如：-b 是对 b 进行取反运算。

示例代码如下：

```
# coding = utf - 8
# 2.8.1 - 1 一元算术运算符

b = 12                    # 声明整数变量 b
print("- b = ", - b)      # - b 是对 b 取反运算
```

上述代码执行结果如下：

```
- b =  - 12
```

2. 二元算术运算符

Python 中二元运算符也有多个，二元算术运算符包括＋、-、*、/、%、** 和//，这些运算符主要是对数值类型数据进行操作，而＋和 * 可以用于字符串、元组和列表等类型数据的操作。具体说明如表 2-2 所示。

表 2-2　二元算术运算符

运　算　符	名　　　称	例　　子	说　　　　　明
＋	加	x ＋ y	可用于数字、序列等类型数据操作。对于数字类型是求和；其他类型是连接操作
-	减	x - y	求 x 减 y 的差
*	乘	x * y	可用于数字、序列等类型数据操作。对于数字类型是求积；其他类型是重复操作
/	除	x / y	求 x 除以 y 的商
%	取余	x % y	求 x 除以 y 的余数
**	幂	x ** y	求 x 的 y 次幂
//	地板除法	x // y	求小于 x 除以 y 商的最大整数

示例代码如下：

```
# coding = utf - 8
# 2.8.1 - 2 二元算术运算符

print("1 + 1 = ", 1 + 1)
print("1 - 1 = ", 1 - 1)
print("3 * 2 = ", 3 * 2)
print("5 / 2 = ", 5 / 2)
print("15 % 2 = ", 5 % 2)
```

```
print("5 // 2 = ", 5 // 2)
print("-5 // 2 = ", -5 // 2)
print("-5 ** 2 = ", -5 ** 2)
print("5.5 ** 2 = ", 5.5 ** 2)
```

上述代码执行结果如下:

```
1 + 1 = 2
1 - 1 = 0
3 * 2 = 6
5 / 2 = 2.5
15 % 2 = 1
5 // 2 = 2
-5 // 2 = -3
-5 ** 2 = -25
5.5 ** 2 = 30.25
```

2.8.2　关系运算符

微课视频

关系运算符是比较两个表达式大小关系的运算,它的结果是布尔类型数据,即 True 或 False。关系运算符有 6 种: ==、!=、>、<、>= 和<=,具体说明如表 2-3 所示。

表 2-3　关系运算符

运　算　符	名　　称	例　子	说　　明
==	等于	x == y	x 等于 y 时返回 True,否则返回 False
!=	不等于	x != y	与 == 相反
>	大于	x > y	x 大于 y 时返回 True,否则返回 False
<	小于	x < y	x 小于 y 时返回 True,否则返回 False
>=	大于或等于	x >= y	x 大于或等于 y 时返回 True,否则返回 False
<=	小于或等于	x <= y	x 小于或等于 y 时返回 True,否则返回 False

Python 中关系运算符可用于整数和浮点数数据的比较,但也可用于字符串、列表和元组等数据的比较,示例代码如下:

```
# coding = utf-8
# 2.8.2 关系运算符

print("10 > 20", (10 > 20))              # 比较整数
print("10 < y", (10 < 20))
print("10.2 >= 20.56", (10.2 >= 20.56))  # 比较浮点数
print("20. == 20", (20. == 20))          # 比较浮点数和整数
print('"a" < "b"', ("a" < "b"))          # 比较字符串
```

上述代码执行结果如下:

```
10 > 20 False
10 < y True
10.2 >= 20.56 False
20. == 20 True
"a" < "b" True
```

2.8.3 逻辑运算符

逻辑运算符是对布尔型变量进行运算,其结果也是布尔型,具体说明如表 2-4 所示。

表 2-4 逻辑运算符

运 算 符	名 称	例 子	说 明
not	逻辑非	not x	x 为 True 时,值为 False；x 为 False 时,值为 True
and	逻辑与	x and y	x 和 y 全为 True 时,计算结果为 True,否则为 False
or	逻辑或	x or y	x 和 y 全为 False 时,计算结果为 False,否则为 True

示例代码如下:

```
# coding = utf - 8
# 2.8.3 逻辑运算符

a = 0
b = 10


# 定义 fun1 函数,返回布尔值 True
def fun1():
    print('-- 调用 fun1 -- ')
    return a < b


# 定义 fun2 函数,返回布尔值 False
def fun2():
    print('-- 调用 fun2 -- ')
    return a == b


if a < b or fun1():              ①
    print("or 运算为 True")
else:
    print("or 运算为 False")

if a <= b and fun2():            ②
    print("and 运算为 True")
else:
    print("and 运算为 False")
```

上述代码执行结果如下:

```
or 运算为 True
-- 调用 fun2 --
and 运算为 False
```

上述代码第①行中由于 a < b 为 True,所以整个表达式(a < b or fun1())就可以确定为
True,因为 or 后面的表达式不会计算,所以不会调用 fun1();另外,代码第②行由于 a <= b 为
True,所以当整个表达式(a <= b and fun2())还不能确定为 True 时,and 后面的表达式还会

接着计算,会调用 fun2()。

2.8.4 位运算符

位运算符是以二进制位(bit)为单位进行运算的,操作数和结果都是整型数据。位运算符包括 &、|、^、~、>>和<<,具体说明如表 2-5 所示。

表 2-5 位运算符

运 算 符	名 称	例 子	说 明
~	位反	~x	将 x 的值按位取反
&	位与	x & y	x 与 y 位进行位与运算
|	位或	x | y	x 与 y 位进行位或运算
^	位异或	x ^ y	x 与 y 位进行位异或运算
>>	有符号右位移	x >> x	x 右移 x 位,高位采用符号位补位
<<	左位移	x << x	x 左移 x 位,低位用 0 补位

位运算符示例代码如下:

```
# coding = utf - 8
# 2.8.4 位运算符

a = 0b101                      # 0b 开头的数字表示二进制,0b101 表示十进制的 5    ①
b = 0b110                      # 0b110 表示十进制数 6                          ②

x = a | b # 位或运算
msg = f"a | b 结果:二进制为{bin(x)},十进制为{x}。" # 格式化字符串输出          ③
print(msg)

x = a & b # 位与运算
msg - f"a & b 结果:二进制为{bin(x)},十进制为{x}。"
print(msg)

x = a ^ b # 位异或运算
msg = f"a ^ b 结果:二进制为{bin(x)},十进制为{x}。"
print(msg)

x = a >> 2 # 右移2位
msg = f"a >> 2 结果:二进制为{bin(x)},十进制为{x}。"
print(msg)

x = a << 2 # 左移2位
msg = f"a << 2 结果:二进制为{bin(x)},十进制为{x}。"
print(msg)
```

上述代码执行结果如下:

a | b 结果:二进制为 0b111,十进制为 7。
a & b 结果:二进制为 0b100,十进制为 4。

a ^ b 结果：二进制为 0b11，十进制为 3。
a >> 2 结果：二进制为 0b1，十进制为 1。
a << 2 结果：二进制为 0b10100，十进制为 20。

上述代码第①行和第②行有两个二进制表示，其中 0b 开头的数字表示二进制数，有关数字的进制，如八进制数和十六进制数表示的方式，将在 3.1 节详细介绍，此处不再赘述。

代码第③行 f 开头表示的字符串是 f-string 格式字符串，它的作用是实现格式化字符串输出，其中花括号{}中的表达式会在程序运行时计算，有关 f-string 格式字符串将在 3.2.5 节详细介绍，此处不再赘述。另外，表达式 bin(x)中 bin 是一个函数，该函数将数字 x 表示为二进制形式输出。

微课视频

2.8.5　赋值运算符

赋值运算符一般用于变量自身的变化，例如 x 与其操作数进行运算的结果再赋值给 x，算术运算符和位运算符中的二元运算符都有对应的赋值运算符。具体说明如表 2-6 所示。

表 2-6　赋值运算符

运　算　符	名　　称	例　　子	说　　明
+=	加赋值	x += y	等价于 x = x + y
-=	减赋值	x -= y	等价于 x = x - y
*=	乘赋值	x *= y	等价于 x = x * y
/=	除赋值	x /= y	等价于 x = x / y
%=	取余赋值	x %= y	等价于 x = x % y
**=	幂赋值	x **= y	等价于 x = x ** y
//=	地板除法赋值	x //= y	等价于 x = x // y
&=	位与赋值	x &= y	等价于 x = x&y
|=	位或赋值	x |= y	等价于 x = x|y
^=	位异或赋值	x ^= y	等价于 x = x^y
<<=	左移赋值	x <<= y	等价于 x = x << y
>>=	右移赋值	x >>= y	等价于 x = x >> y

示例代码如下：

```
# coding = utf-8
# 2.8.5 赋值运算符

a = 0b101            # 0b 开头的数字表示二进制,0b101 表示十进制的 5
b = 0b110            # 0b110 表示十进制数的 6

a += b               # 相当于 a = a + b,a 的结果是 11

print("a", a)

a -= b               # 相当于 a = a - b,a 的结果是 5
print("a", a)
```

```
a * = b              # 相当于 a = a * b,a 的结果是 30
print("a", a)

a = 10               # 重新赋值 10
b = 3                # 重新赋值 7
a % = b              # 相当于 a = a % b,a 的结果是 1
print("a", a)
a = 10               # 重新赋值 10
b = 5                # 重新赋值 5
a /= b               # 相当于 a = a / b,计算结果是浮点数 2.0        ①
print("a", a)
```

上述代码执行结果如下：

```
a 11
a 5
a 30
a 1
a 2.0
```

上述示例代码中,读者需要注意代码第①行,而这个整数进行除法运算时会转换为浮点数,其他的代码比较简单,这里不再赘述。

2.9 条件语句

条件语句使得程序具有判断能力,Python 中的条件语句涉及 3 个关键字：if、else 和 elif,这 3 个关键字对应条件语句的 3 种结构。

（1) if 结构。

（2) if...else 结构。

（3) if...elif...else 结构。

下面展开介绍。

2.9.1 if 结构

if 结构流程图如图 2-5 所示,首先测试条件表达式,如果值为 True,则执行语句组（包含一条或多条语句）,否则就执行 if 结构后面的语句。

if 结构语法格式如下：

```
if 条件表达式:
    语句组
```

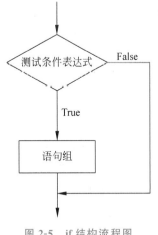

微课视频

图 2-5 if 结构流程图

◎注意 语句组包含一条或多条 Python 语句,条件表达式之后是一个冒号（:）,语句组中的语句要在同一个缩进级别。

示例代码如下：

```
# coding = utf - 8
# 2.9.1 if 结构

# 声明两个变量
a = 10
b = 20
if a < b:
    print("a < b 为 True")                                       ①
    a = 800            # 给变量 a 重新赋值                         ②

print("Game Over")     # if 语句结束后的语句                       ③
print("a", a)          # 打印变量 a
```

上述代码执行结果如下：

```
a < b 为 True
Game Over
a 800
```

上述代码中第①行和第②行是 if 条件表达式为 True 时执行的语句组，它们应该在同一个缩进级别。if 语句结束后执行代码第③行语句。

微课视频

2.9.2　if...else 结构

if...else 结构流程图如图 2-6 所示，首先测试条件表达式，如果值为 True，则执行语句组 1，如果条件表达式为 False，则忽略语句组 1 而直接执行语句组 2，然后继续执行后面的语句。

if...else 结构语法格式如下：

```
if 条件表达式：
    语句组 1
else：
    语句组 2
```

示例代码如下：

```
# coding = utf - 8
# 2.9.2 if...else 结构

# 声明两个变量
a = 10
b = 20
if a < b:
    print("a < b 为 True")
    a = 800                        # 给变量 a 重新赋值
else:
    print("a < False")

print("Game Over")                 # if 语句结束后的语句
```

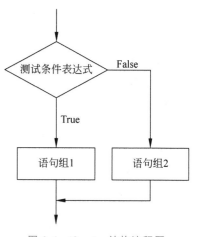

图 2-6　if...else 结构流程图

```
print("a", a)                    # 打印变量 a
```

上述代码执行结果如下：

```
a < b 为 True
Game Over
a 800
```

2.9.3　if…elif…else 结构

如果程序有个分支，可以使用 if…elif…else 结构，其流程图如图 2-7 所示。

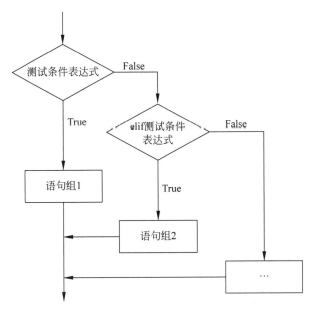

图 2-7　if…elif…else 结构流程图

if…elif…else 结构语法格式如下：

```
if 条件 1 :
    语句组 1
elif 条件 2 :
    语句组 2
elif 条件 3 :
    语句组 3
    ⋮
elif 条件 n :
    语句组 n
else :
    语句组 n + 1
```

示例代码如下：

```
# coding = utf - 8
# 2.9.3 if…elif…else 结构
```

```python
# 声明两个变量
score = int(input("从控制台输入 0～100 整数:"))          ①

if score >= 90:
    grade = 'A'
elif score >= 80:
    grade = 'B'
elif score >= 70:
    grade = 'C'
elif score >= 60:
    grade = 'D'
else:
    grade = 'F'
print("Grade = " + grade)
```

上述代码第①行中 input()函数是从控制台读取字符串,另外,int()函数是将字符串转换为整数。

在命令提示符中运行上述代码,结果如图 2-8 所示,程序执行到 input()函数时,程序会暂停,等待用户输入数字,输入完成后按回车键读取数据,程序继续执行。

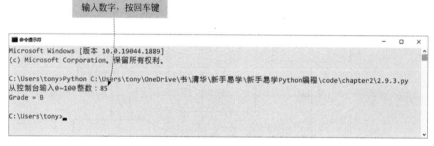

图 2-8　运行结果

2.10　循环语句

循环语句能够使程序代码重复执行。Python 支持 while 和 for 两种循环语句。

2.10.1　while 语句

微课视频

while 语句是一种先判断的循环结构,其流程图如图 2-9 所示,首先测试条件表达式,如果值为 True,则执行语句组,如果条件表达式为 False,则忽略语句组继续执行后面的语句。

示例代码如下:

```python
# coding = utf - 8
# 2.10.1 while 语句
```

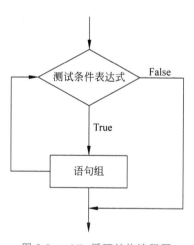

图 2-9　while 循环结构流程图

```
count = 0
while count < 3:
    count = count + 1
    print("Hello Python!")

print("Game Over")        # while 语句结束后的语句
```

上述代码执行结果如下:

```
Hello Python!
Hello Python!
Hello Python!
Game Over
```

2.10.2　for 语句

Python 语言中 for 语句用于遍历序列类型,序列包括字符串、列表和元组。列表和元组将在 3.3 节介绍,此处不再赘述。

for 语句一般语法格式如下:

```
for 迭代变量 in 序列 :
    语句组
```

"序列"表示所有的实现序列的类型都可以使用 for 循环。"迭代变量"是从序列中迭代取出的元素。

示例代码如下:

```
# coding = utf - 8
# 2.10.2 for 语句

str1 = "Hello"            # 声明字符串,字符串是序列类型
for item in str1:
    print(item)          # 打印序列中的元素

print("Game Over")        # for 语句结束后的语句
```

上述代码执行结果如下:

```
H
e
l
l
o
Game Over
```

2.10.3　break 语句

break 语句可用于 while 或 for 循环,它的作用是强行退出循环体,不再执行循环体中剩余的语句。

示例代码如下：

```
# coding = utf - 8
# 2.10.3 break 语句

numbers = [43, 32, 53, 54, 75, 7, 10]          # 声明一个列表
for item in numbers:
    # 跳出循环
    if item == 53:                              # 判断元素是否为 53
        break
    print(item)                                 # 打印元素

print("Game Over")                              # for 语句结束后的语句
```

上述代码执行结果如下：

```
43
32
Game Over
```

微课视频

2.10.4 continue 语句

continue 语句用来结束本次循环，跳过循环体中尚未执行的语句，接着进行终止条件的判断，以决定是否继续循环。

示例代码如下：

```
# coding = utf - 8
# 2.10.4 continue 语句

numbers = [43, 32, 53, 54, 75, 7, 10]          # 声明一个列表
for item in numbers:
    # 跳出循环
    if item % 2 == 0:                           # 判断元素是否为偶数
        continue
    print(item)                                 # 打印元素

print("Game Over")                              # for 语句结束后的语句
```

上述代码执行结果如下：

```
43
53
75
7
Game Over
```

上述代码中 item % 2 == 0 表达式是判断为偶数，但是打印的是奇数。

2.11　动手练一练

1. 选择题

(1) 下列选项中哪些是 Python 合法标识符？（　　　）

    A. 2variable   B. variable2   C. _whatavariable   D. _3_

    E. $ anothervar   F. 体重

(2) 下列选项中哪些不是 Python 关键字？（　　　）

    A. if   B. then   C. goto   D. while

2. 判断题

(1) 在 Python 语言中，一行代码表示一条语句，语句结束可以加分号，也可以省略分号。（　　　）

(2) 包与文件夹的区别：包下面会有一个__init__.py 文件。（　　　）

3. 编程题

编写 BMI 计算器，BMI（身体质量指数，简称体质指数）是目前国际上常用的衡量人体胖瘦程度以及是否健康的一个标准。

BMI 计算公式为：

$$BMI＝体重÷身高的平方$$

其中，体重的单位为公斤，身高的单位为米。

如表 2-7 所示是 BMI 中国标准分类，编写程序，从键盘输入体重和身高，计算 BMI 指数和分类。

表 2-7　BMI 中国标准分类

分类	BMI 范围
偏瘦	<= 18.4
正常	18.5～23.9
过重	24.0～27.9
肥胖	>= 28.0

第 3 章

Python 数据类型

每个变量都有自己的数据类型,例如整数和字符串等。在 Python 中一个变量被赋值后,它的数据类型就确定下来了,本章介绍 Python 数据类型。

Python 有 6 种标准数据类型:数值类型、字符串类型、列表、元组、集合和字典。

3.1 数值类型

Python 数值类型有 4 种:整数类型、浮点类型、复数类型和布尔类型。需要注意的是布尔类型也是整数类型的一种。数值类型层次结构如图 3-1 所示。

3.1.1 整数类型

Python 整数类型为 int,整数的范围可以很大,表示很大的整数,具体大小与计算机硬件有关。

默认情况下一个整数,例如 19 表示十进制数。那么其他进制数,如二进制数、八进制数

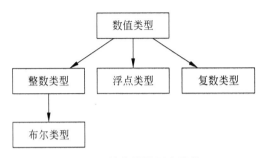

图 3-1 数值类型层次结构

和十六进制数表示方式如下：

（1）二进制数：以 0b 或 0B 为前缀，注意 0 是阿拉伯数字，例如 0B10011 表示十进制数 19。

（2）八进制数：以 0o 或 0O 为前缀，第一个字符是阿拉伯数字 0，第二个字符是英文字母 o 或 O，例如 0O23 表示十进制数 19。

（3）十六进制数：以 0x 或 0X 为前缀，注意 0 是阿拉伯数字，例如 0X13 表示十进制数 19。

示例代码如下：

```
# 3.1.2 浮点类型
int1 = 0B10011              # 二进制表示的 19
int2 = 0O23                 # 八进制表示的 19
int3 = 0X13                 # 十六进制表示的 19
print("二进制 0B10011", int1)
print("八进制 0O23", int2)
print("十六进制 0X13", int3)
```

上述代码执行结果如下：

```
二进制 0B10011 19
八进制 0O23 19
十六进制 0X13 19
```

3.1.2 浮点类型

浮点类型主要用来存储小数数值，Python 浮点类型为 float，Python 只支持双精度浮点类型数据，而且是与本机相关。

浮点类型数据可以使用小数表示，也可以使用科学记数法表示，科学记数法中会使用大写或小写的 e 表示 10 的指数，如 e2 表示 10^2。

示例代码如下：

```
# 3.1.2 浮点类型

float1 = 0.0               # 浮点数 0
float2 = 2.154327
float3 = 2.1543276e2       # 科学记数法表示浮点数
```

```
float4 = 2.1543276e－2          # 科学记数法表示浮点数

print("float1", float1)
print("float2", 0)
print("float3", float3)
print("float4", float4)
```

上述代码执行结果如下：

```
float1 0.0
float2 0
float3 215.43276
float4 0.021543276
```

3.1.3　复数类型

复数在数学中是非常重要的概念，无论是理论物理学，还是电气工程实践中都经常使用。但是很多计算机语言都不支持复数，而 Python 是支持复数的，这使得 Python 能够很好地用来进行科学计算。

示例代码如下：

```
# 3.1.3 复数类型

complex1 = 2 － 3j               # 声明实部为2,虚部为－3的复数
complex2 = complex(2, －3)       # 通过complex()函数创建复数,该函数第1个参数是实部,第
                                # 2个参数是虚部
complex3 = complex('2－3j')      # 通过complex()函数创建复数,该函数参数是字符串
complex4 = complex2 + (1 + 2j)   # 两个复数加法运算

print("complex1", complex1)
print("complex2", complex2)
print("complex3", complex3)
print("complex4", complex4)
```

上述代码执行结果如下：

```
complex1 (2－3j)
complex2 (2－3j)
complex3 (2－3j)
complex4 (3－1j)
```

3.1.4　布尔类型

Python 中布尔类型为 bool，bool 是 int 的子类，它只有两个值：True 和 False。任何类型数据都可以通过 bool()函数转换为布尔值。

（1）如果通过 bool()函数转换 None(空对象)、0、False、0.0、0j(复数)、''(空字符串)、[](空列表)、()(空元组)和{}(空字典)数据时，则返回 False。

（2）如果通过 bool()函数转换除上面所列举数据外的其他数据时，则返回 True。

示例代码如下：

```
# 3.1.4 布尔类型

bool1 = True
bool2 = bool(0)                 # 返回布尔值 False
bool3 = bool('')                # 返回布尔值 False        ①
bool4 = bool(' ')               # 返回布尔值 True         ②
bool5 = bool([])                # 返回布尔值 False
bool6 = bool({})                # 返回布尔值 False

print("bool1", bool1)
print("bool2", bool2)
print("bool3", bool3)
print("bool4", bool4)
print("bool5", bool5)
print("bool6", bool6)
```

注意上述代码第①行和第②行的区别：''是空字符串，' '是空格字符串。

上述代码执行结果如下：

```
bool1 True
bool2 False
bool3 False
bool4 True
bool5 False
bool6 False
```

3.1.5　类型转换

数值类型数据经常会互相转换，转换分为隐式类型转换和显式类型转换。

1. 隐式类型转换

多个数值类型数据之间可以进行数学计算，由于参与计算的数值类型可能不同，此时会发生隐式类型转换。计算过程中隐式类型转换规则如表3-1所示。

表 3-1　隐式类型转换规则

操作数 1 类型	操作数 2 类型	转换后的类型
布尔类型	整数类型	整数类型
布尔类型、整数类型	浮点类型	浮点类型

布尔类型数据可以隐式转换为整数类型数据，布尔值 True 转换为整数 1，布尔值 False 转换为整数 0。

示例代码如下：

```
# 3.1.5-1 类型转换
# 1.隐式类型转换

b = 10 + True                   # 与整数计算时,True 转换为 1 进行计算
```

```
print(b)
b = 10.0 + 1                    # 与浮点类型数据计算时,1 转换为 1.0 进行计算
print(type(b))                  # type()函数返回参数的数据类型
print(b)

b = 10.0 + True                 # 与浮点类型数据计算时,True 转换为 1.0 进行计算
print(b)

b = 1.0 + 1 + False             # 与浮点类型数据计算时,True 转换为 0.0 进行计算
print(b)
```

上述代码执行结果如下：

```
11
< class 'float'>
11.0
11.0
2.0
```

2. 显式类型转换

在不能进行隐式类型转换的情况下,则可以使用转换函数进行显式类型转换,这些转换函数包括 int()和 float()。

(1) int()函数可以将布尔类型数据、浮点类型数据和字符串转换为整数。布尔值 True 使用 int()函数返回 1；布尔值 False 使用 int()函数返回 0；浮点类型数据使用 int()函数会截掉小数部分。

(2) float()函数可以将布尔类型数据、整数和字符串转换为浮点类型数据。布尔值 True 使用 float()函数返回 1.0；布尔值 False 使用 float()函数返回 0.0；整数使用 float()函数会加上小数部分(.0)。

示例代码如下：

```
# 3.1.5 - 2 类型转换
# 2.显示类型转换

int1 = int(False)              # 将 False 转换为整数 0
int2 = int(True)               # 将 False 转换为整数 1
int3 = int(20.26)              # 将浮点类型数据转换为整数,小数部分被截掉
float1 = float(66)             # 将整数转换为浮点数
float2 = float(False)          # 将 False 转换为 0.0
float3 = float(True)           # 将 True 转换为 1.0

print("int1", int1)
print("int2", int2)
print("int3", int3)
print("float1", float1)
print("float2", float2)
print("float3", float3)
```

上述代码执行结果如下：

```
int1 0
```

```
int2 1
int3 20
float1 66.0
float2 0.0
float3 1.0
```

3.2 字符串类型

由字符组成的一串字符序列称为字符串,字符串按从左到右,索引从 0 开始的顺序依次递增。Python 中字符串类型是 str。

3.2.1 普通字符串

Python 中普通字符串采用单引号"'"或双引号"""包裹起来表示。示例代码如下:

微课视频

```
♯ 3.2.1普通字符串

s1 = 'Hello World'          ♯ 使用单引号表示字符串
s2 = "Hello World"          ♯ 使用双引号表示字符串
s3 = "Ben's World."         ♯ 使用双引号表示字符串,其中可以包含单引号
s4 = '"世界"你好!'           ♯ 使用单引号表示字符串,其中可以包含双引号
print("s1", s1)
print("s2", s2)
print("s3", s3)
print("s4", s4)
```

上述代码执行结果如下:

```
s1 Hello World
s2 Hello World
s3 Ben's World.
s4 "世界"你好!
```

3.2.2 转义符

如果想在字符串中包含一些特殊的字符,例如换行符、制表符等,在普通字符串中则需要转义,前面要加上反斜杠"\",这称为字符转义。如表 3-2 所示是常用的转义符。

微课视频

表 3-2 常用的转义符

字符表示	Unicode 编码	说　　明
\t	\u0009	水平制表符
\n	\u000a	换行
\r	\u000d	回车
\"	\u0022	双引号
\'	\u0027	单引号
\\	\u005c	反斜杠

示例代码如下：

```
# 3.2.2 转义符

s1 = 'Ben\'s World.'          # 转义单引号
s2 = "\"世界\"你好!"          # 转义双引号
s3 = 'Hello\t World'          # 转义制表符
s4 = 'Hello\\ World'          # 转义反斜杠制表符
s5 = 'Hello\n World'          # 转义换行符
print("s1", s1)
print("s2", s2)
print("s3", s3)
print("s4", s4)
print("s5", s5)
```

上述代码执行结果如下：

```
s1 Ben's World.
s2 "世界"你好!
s3 Hello World
s4 Hello\ World
s5 Hello
   World
```

3.2.3　原始字符串

如果字符串中有很多特殊字符都需要转义，那么既麻烦，也不美观。这种情况下可以使用原始字符串（rawstring）表示，原始字符串是在普通字符串前加 r，字符串中的特殊字符不需要转义，按照字符串的本来"面目"呈现。

例如，在 Windows 系统中，tony 用户 Documents 文件夹下面的\readme.txt 文件的路径如下：

```
C:\Users\tony\Documents\readme.txt
```

由于文件路径分隔是用反斜杠表示的，那么在程序代码中用普通字符串表示时需要将反斜杠进行转义，由于路径中有很多反斜杠所以很麻烦，如果采用原始字符串就比较简单了。示例代码如下：

```
# 3.2.3 原始字符串

# 采用普通字符串表示文件路径,其中的反斜杠需要转义
filepath1 = "C:\\Users\\tony\\Documents\\readme.txt"
# 采用原始字符串表示文件路径,其中的反斜杠不需要转义
filepath2 = r"C:\Users\tony\Documents\readme.txt"
```

3.2.4　长字符串

如果字符串中包含了换行和缩进等排版字符，可以使用三重单引号"'''"或三重双引号""""""包裹起来，这就是长字符串。

示例代码如下：

```
# 3.2.4 长字符串

# 声明长字符串 s1

s1 = """                                        ①
        《将进酒》
君不见黄河之水天上来，奔流到海不复回。
君不见高堂明镜悲白发，朝如青丝暮成雪。
人生得意须尽欢，      莫使金樽空对月。
天生我材必有用，      千金散尽还复来。
烹羊宰牛且为乐，      会须一饮三百杯。
岑夫子，丹丘生，      将进酒，杯莫停。
与君歌一曲，          请君为我倾耳听。
钟鼓馔玉不足贵，      但愿长醉不复醒。
古来圣贤皆寂寞，      惟有饮者留其名。
陈王昔时宴平乐，      斗酒十千恣欢谑。
主人何为言少钱，      径须沽取对君酌。
五花马，千金裘，      呼儿将出换美酒，
与尔同销万古愁。
"""                                             ②

print(s1)
```

上述代码第①行是长字符串开始，代码第②行是长字符串结束。在长字符串中包含了换行符和制表符等排版所需符号。示例运行结果不再赘述，读者可以自己运行感受一下。

3.2.5 使用 f-string 格式字符串

微课视频

在实际的编程过程中，经常会遇到将变量或表达式结果与字符串拼接到一起，并进行格式化输出的情况。例如，金额需要保留小数点后四位。数字需要右对齐等，这些都需要格式化。

Python 语言中有多种方法实现字符串格式化，笔者推荐使用 f-string 格式字符串，f-string 是从 Python 3.6 开始使用的。使用 f-string 需要在字符串前加上 f 表示，在运行时，Python 解释器会计算其中的用大括号({})包裹起来的变量或表达式。

示例代码如下：

```
# 3.2.5 使用 f-string 格式字符串
from datetime import date                    # 引入 date 类

name = 'Mary'
age = 18
money = 12345.678
s1 = f'{name}芳龄是{age}岁,工资{money:.2f}。'  # :.2f 格式浮点数,四舍五入保留小数后两位
print(s1)
s2 = f"今天日期是：{date.today()}。"            # 计算表达式 date.today()
print(s2)
```

上述代码执行结果如下：

Mary 芳龄是 18 岁，工资 12345.68。
今天日期是：2022 - 08 - 27。

微课视频

3.3　序列

之前介绍的数据类型都只是保存了单个数据项，如果需要保存多个数据项，则可以使用序列、集合和字典，本节先介绍序列。

序列(sequence)是一种可迭代的、元素有序、可以重复出现的数据结构。序列包括列表(list)、字符串(str)、元组、范围(range)。

序列是有序的，所以可通过索引访问元素，序列中第一个元素的索引是 0，其他元素的索引是第一个元素的偏移量。可以有正偏移量，称为正值索引；也可以有负偏移量，称为负值索引。正值索引的最后一个元素索引是"序列长度-1"，负值索引的最后一个元素索引是"-1"。例如 Hello 字符串，它的正值索引如图 3-2(a)所示，负值索引如图 3-2(b)所示。

索引	-5	-4	-3	-2	-1
列表	'H'	'e'	'l'	'l'	'o'

(a) 正值索引

索引	0	1	2	3	4
列表	'H'	'e'	'l'	'l'	'o'

(b) 负值索引

图 3-2　索引

3.3.1　列表

列表是可以修改的序列，而元组是不可以修改的序列，下面介绍创建列表、访问列表元素、列表切片和修改列表操作。

1. 创建列表

创建列表的最简单办法是将元素放入方括号([])中，并用逗号分隔元素，示例代码如下：

```
# 3.3.1-1 创建列表

my_list = ['A', 0.0, 6., 49, 3.7, False]        # 声明多种数据类型的列表
print(my_list)
str_list = ['H', 'e', 'l', 'l', 'o']            # 字符列表
print(str_list)
int_list = [8, 9, 6, 4, 3]                      # 整数列表
print(int_list)
float_list = [0.8, 0.0, 6., 3.789]              # 浮点列表
print(float_list)
nulllist = []                                   # 空列表
print(nulllist)
```

列表中可以存储任何类型数据,如果列表中没有任何元素,可表示为[]。

上述代码执行结果如下:

```
['A', 0.0, 6.0, 49, 3.7, False]
['H', 'e', 'l', 'l', 'o']
[8, 9, 6, 4, 3]
[0.8, 0.0, 6.0, 3.789]
[]
```

2. 访问列表元素

通过索引可以访问列表元素,语法格式如下:

列表[idx]

其中,idx 是要访问的列表元素的索引,示例代码如下:

♯ 3.3.1-2 访问列表元素

```
str_list = ['H', 'e', 'l', 'l', 'o']          ♯ 字符列表
print("str_list[0]", str_list[0])
print("str_list[1]", str_list[1])
print("str_list[4]", str_list[4])
print("str_list[-1]", str_list[-1])
print("str_list[-2]", str_list[-2])
print("str_list[-5]", str_list[-5])
print("str_list[-6]", str_list[5])          ♯ 下标越界异常
```

上述代码执行结果如下:

```
Traceback (most recent call last):
    File "C:\...\code\chapter3\3.3.1-2.py", line 10, in <module>
        print("str_list[-5]", str_list[5])
IndexError: list index out of range
str_list[0] H
str_list[1] e
str_list[4] o
str_list[-1] o
str_list[-2] l
str_list[-5] H
```

◎注意 从上述代码运行结果可见,IndexError: list index out of range 这行代码发生了异常,这种异常是下标越界异常,即试图访问超出索引范围的元素。

3. 列表切片

序列可以通过切片(Slicing)操作将序列分割为小的子序列,切片运算符有如下两种形式:

(1) [start:end]:start 是开始索引,end 是结束索引。

(2) [start:end:step]:start 是开始索引,end 是结束索引,step 是步长,步长是在切片

时获取元素的间隔。步长可以为正整数，也可为负整数。

由于列表也是序列，所以列表也可以进行切片操作，示例代码如下：

```python
# 3.3.1-3 列表切片

str_list = ['H', 'e', 'l', 'l', 'o']           # 字符列表
print("str_list[1:3]", str_list[1:3])          ①
print("str_list[:3]", str_list[:3])
print("str_list[0:3]", str_list[0:3])
print("str_list[0:]", str_list[0:])
print("str_list[0:5]", str_list[0:5])
print("str_list[:]", str_list[:])
print("str_list[1:-1]", str_list[1:-1])        ②

print("str_list[1:5:2]", str_list[1:5:2])      ③
print("str_list[0:3:2]", str_list[0:3:2])
print("str_list[0:3:3]", str_list[0:3:3])
print("str_list[::-1]", str_list[::-1])        ④
```

上述代码第①行和第②行的切片操作都省略了步长。代码第③行和第④行的切片操作都使用了步长。

> 📖提示　切片时使用[start：end：step]表达式可以指定步长（step），步长与当次元素索引、下次元素索引之间的关系如下：
>
> 下次元素索引 ＝ 当次元素索引 ＋ 步长。

上述代码执行结果如下：

```
str_list[1:3] ['e', 'l']
str_list[:3] ['H', 'e', 'l']
str_list[0:3] ['H', 'e', 'l']
str_list[0:] ['H', 'e', 'l', 'l', 'o']
str_list[0:5] ['H', 'e', 'l', 'l', 'o']
str_list[:] ['H', 'e', 'l', 'l', 'o']
str_list[1:-1] ['e', 'l', 'l']
str_list[1:5:2] ['e', 'l']
str_list[0:3:2] ['H', 'l']
str_list[0:3:3] ['H']
str_list[::-1] ['o', 'l', 'l', 'e', 'H']
```

4. 修改列表

列表是可以修改的序列，开发人员可以追加、删除、替换列表中的元素，示例代码如下：

```python
# 3.3.1-4 修改列表

lang_list = ['Python', 'C++', 'Java']      # 字符串列表
print(lang_list)
lang_list.append('C')                      # 通过 append() 函数追加元素
print(lang_list)
```

```
lang_list += ['Go', 'JavaScript']          # 通过 += 运算符追加元素
print(lang_list)
lang_list.insert(1, 'Swift')               # 在索引为 1 的位置插入元素
print(lang_list)
lang_list.append('Swift')                  # 再追加元素'Swift'
print(lang_list)
lang_list.remove('Swift')                  # 从左到右搜索,删除找到的第一个'Swift'元素
print(lang_list)
lang_list[-1] = 'Kotlin'                    # 替换最后一个元素
print(lang_list)
```

从上述代码可见,列表中可以保存任何类型元素,对元素是否重复也没有限制。

运行示例结果如下:

```
['Python', 'C++', 'Java']
['Python', 'C++', 'Java', 'C']
['Python', 'C++', 'Java', 'C', 'Go', 'JavaScript']
['Python', 'Swift', 'C++', 'Java', 'C', 'Go', 'JavaScript']
['Python', 'Swift', 'C++', 'Java', 'C', 'Go', 'JavaScript', 'Swift']
['Python', 'C++', 'Java', 'C', 'Go', 'JavaScript', 'Swift']
['Python', 'C++', 'Java', 'C', 'Go', 'JavaScript', 'Kotlin']
```

3.3.2　元组

微课视频

元组是不可以修改的序列,序列中索引、切片等操作也完全适合于元组,示例代码如下:

```
# 3.3.2 元组

my_tuple1 = 'A', 0.0, 6., 49, 3.7, False   # 声明元组时,元素用逗号分隔
print(my_tuple1)
my_tuple2 = ('A', 0.0, 6., 49, 3.7, False)  # 声明元组时,为了防止歧义会用小括号将元素包裹起来
print(my_tuple2)

print('my_tuple1[-1]', my_tuple1[-1])      # 访问最后一个元素
print('my_tuple1[0:2]', my_tuple1[0:2])    # 切片操作

my_tuple2[1] = "Hello World."              # 试图修改元组,引发异常
```

上述代码执行结果如下:

```
('A', 0.0, 6.0, 49, 3.7, False)
('A', 0.0, 6.0, 49, 3.7, False)
my_tuple1[-1] False
my_tuple1[0:2] ('A', 0.0)
Traceback (most recent call last):
    File "C:\..\code\chapter3\3.3.2.py", line 11, in <module>
        my_tuple2[1] = "Hello World."
TypeError: 'tuple' object does not support item assignment
```

元组不可以修改,所有试图修改元组中元素的操作都会引发异常。

3.3.3　范围

列表和元组是序列中最为常用的两种类型，此外，范围（range）也是比较常用的序列类型。范围表示一个整数序列，创建范围对象需使用 range() 函数，range() 函数语法格式如下：

```
range([start,] stop[, step])
```

其中的三个参数全部是整数类型，start 是开始值，可以省略，表示从 0 开始；stop 是结束值；step 是步长。注意 start≤整数序列取值< stop，步长 step 可以为负数，也可以创建递减序列。

示例代码如下：

```
# 3.3.3 范围
print('------ r1 -------- ')
r1 = range(0, 10)              # 创建范围对象 r1,它是 0～9 数列,步长为 1
for item in r1:
    print(f"item is : {item}")

print('------ r2 -------- ')
r2 = range(1, 10, 2)           # 创建范围对象 r2,它是 1～9 数列,步长为 2,有 5 个元素
for item in r2:
    print(f"item is : {item}")

print('------ r3 -------- ')
r3 = range(0, -10, -3)         # 创建范围对象 r3,步长是 -3,有 4 个元素
for item in r3:
    print(f"item is : {item}")
```

输出结果如下：

```
------ r1 --------
item is : 0
item is : 1
item is : 2
item is : 3
item is : 4
item is : 5
item is : 6
item is : 7
item is : 8
item is : 9
------ r2 --------
item is : 1
item is : 3
item is : 5
item is : 7
item is : 9
------ r3 --------
```

```
item is : 0
item is : - 3
item is : - 6
item is : - 9
```

3.4 集合

微课视频

集合(set)是一种可迭代的、无序的、不能包含重复元素的数据结构。

💡提示 如果与序列相比较：序列中的元素是有序的，可以重复出现；而集合中的元素是无序的，不能包含重复元素。序列强调的是有序，集合强调的是不重复。当不考虑顺序，并且没有重复的元素时，序列和集合可以互相替换。

创建集合与创建列表类似，区别是集合元素是包裹在大括号({})中的，另外，采用大括号创建的集合是可变的，示例代码如下.

```
# 3.4 集合

lang_set = {'Python', 'C++', 'Java'}          # 创建字符串集合
print(lang_set)
lang_set.add('Swift')                         # 向集合中添加元素'Swift'
print(lang_set)
lang_set.add('Swift')                         # 再次向集合中添加元素'Swift'
print(lang_set)
lang_set.remove('Swift')                      # 删除元素'Swift'
print(lang_set)
```

上述代码执行结果如下：

```
{'Python', 'Java', 'C++'}
{'Swift', 'Python', 'Java', 'C++'}
{'Swift', 'Python', 'Java', 'C++'}
{'Python', 'Java', 'C++'}
```

从上述示例运行结果可见，无法向集合中添加相同的元素。

3.5 字典

微课视频

字典(dict)是可迭代的、可变的数据结构，通过键访问元素的数据结构。字典结构比较复杂，它是由两部分视图构成：一个是键(key)视图；另一个是值(value)视图。键视图不能包含重复元素，而值视图可以，键和值是成对出现的。

创建字典可以使用大括号{}将"键：值"对包裹，"键：值"对之间用逗号分隔，示例代码如下：

```
# 3.5 字典

my_dict1 = {1: '刘备', 2: '关羽', 3: '张飞'}              # 创建字典
print(my_dict1)
my_dict2 = {'name': 'John', 1: [2, 4, 3]}               # 创建复杂的字典,字典中嵌套列表
print(my_dict2)

print(my_dict1[1])                                       # 通过1键访问对应的值
print(my_dict2['name'])                                  # 通过'name'键访问对应的值
```

上述代码执行结果如下：

```
{1: '刘备', 2: '关羽', 3: '张飞'}
{'name': 'John', 1: [2, 4, 3]}
刘备
John
```

字典中键和值可以是任何的数据类型,键如果访问值可以通过中括号。

3.6　动手练一练

1. 选择题

(1) 在 Python 中字符串表示方式是下列哪种？（　　　）

    A. 采用单引号(')包裹起来　　　　　　　　B. 采用双引号(")包裹起来

    C. 三重单引号(''')包裹起来　　　　　　　D. 以上都不是

(2) 下列表示的数字正确的是哪种？（　　　）

    A. 29　　　　　　　　B. 0X1C　　　　　　　　C. 0x1A　　　　　　　　D. 1.96e-2

2. 判断题

(1) Python 中布尔类型只有两个值：True 和 False。（　　　）

(2) bool()函数可以将 None、0、0.0、0j(复数)、''(空字符串)、[](空列表)、()(空元组)和{}(空字典)这些数值转换为 False。（　　　）

## 第 4 章

函　　数

　　程序中反复执行的代码可以封装到一个代码块中,这个代码块模仿了数学中的函数,具有函数名、参数和返回值,按照函数提供者的不同,函数分为:

　　(1)内置函数。Python 官方提供的函数称为内置函数(Built-in Functions,BIF),如 len()、min()和 max()等。

　　(2)用户自定义函数。

　　本章重点介绍用户自定义函数。

4.1　用户自定义函数

　　自定义函数的语法格式如下:

```
def 函数名(参数列表):
    函数体
    return 返回值
```

定义函数注意如下问题：

（1）定义函数使用关键字 def。

（2）函数名需要符合标识符命名规范；多个参数列表之间可以用逗号（,）分隔，当然函数也可以没有参数。

（3）如果函数有返回数据，则需要在函数体最后使用 return 语句将数据返回；如果没有返回数据，则函数体中可以使用 return None 或省略 return 语句。

函数定义示例代码如下：

```
# coding = utf - 8
# 4.1 用户自定义函数

def greet(name):                                    # 定义函数           ①
    """ 该函数是一个问候函数,参数 name 是人名 """        # 文档注释           ②

    msg = "嗨! " + name + "早上好!"
    return msg                                      # 函数返回数据


print(greet('刘备'))                                 # 调用函数
print(greet('诸葛亮'))                               # 调用函数
print("Game Over.")
```

上述代码执行结果如下：

```
嗨! 刘备早上好!
嗨! 诸葛亮早上好!
Game Over.
```

微课视频

4.2　函数参数

上述代码第①行是定义 greet 函数，该函数有一个参数 name，代码第②行是文档注释，文档注释用于生成文档时使用的，注释的内容被包裹在三重双号（"""）中。

4.2.1　带有默认值的参数

在定义函数时还可以为参数提供默认值，当调用该函数时，如果未传递该参数则会使用默认值。

示例代码如下：

```
# coding = utf - 8
# 4.2.1 带有默认值的参数

def greet(name = '关羽'):                             # 定义函数           ①
    """ 该函数是一个问候函数,参数 name 是人名 """        # 文档注释

    msg = "嗨! " + name + "早上好!"
```

```
        return msg                          # 函数返回数据

print(greet())                              # 未传递参数调用函数
print(greet('刘备'))                         # 调用函数
print(greet('诸葛亮'))                        # 调用函数
print("Game Over.")
```

上述代码执行结果如下：

```
嗨! 关羽早上好!
嗨! 刘备早上好!
嗨! 诸葛亮早上好!
Game Over.
```

上述代码第①行是定义函数,在定义函数时,通过 name＝'关羽'形式为参数 name 提供默认值。在调用该函数时,如果未给参数 name 提供实际参数(简称"实参"),则使用默认值。

4.2.2 多参数函数

如果函数有多个参数,在调用时可以有如下两种传递参数的方式:

(1) 基于参数位置传递参数,该参数也称位置参数。

(2) 基于参数名传递参数,该参数也称关键字参数。

示例代码如下:

```
# coding = utf - 8
# 4.2.2 多参数函数

def rect_area(width, height):                               ①
    """
    该函数用来计算矩形面积,
    参数 width 是矩形宽度,参数 height 是矩形高度
    """
    area = width * height
    return area


r_area = rect_area(320.0, 480.0)          # 基于参数位置传递调用      ②
print(f'320×480 的矩形面积:{r_area:.2f}')
r_area = rect_area(width = 20, height = 30) # 基于参数名传递调用       ③
print(f'20×30 的矩形面积:{r_area}')
r_area = rect_area(20, height = 30)         # 混合传递调用            ④
print(f'20×30 的矩形面积:{r_area}')

r_area = rect_area(width = 20, 30)          # 语法错误               ⑤
```

上述代码执行结果如下:

```
    File "C:\...\code\chapter4\4.2.2.py", line 20
        r_area = rect_area(width = 20, 30)              # 语法错误
                                       ^
SyntaxError: positional argument follows keyword argument
```

上述代码第①行定义了 rect_area 函数，注意它有两个参数：第 1 个参数是 width，第 2 个参数是 height。代码第②行是按照参数位置传递实参，即 320.0 对应 width，480.0 对应 height。代码第③行是按照参数名传递实参的，语法形式是：key = value，key 是参数名，value 是实参值。

📋**注意**　代码第④行是位置参数和关键字参数混合传递，但是如果其中一个参数采用了关键字参数传递，在它之后的参数不能采用位置参数传递，否则会发生错误，见代码第⑤行。

微课视频

4.3　函数变量作用域

变量是有作用域（作用范围）的，按照作用域划分，变量分为如下两种：

（1）局部变量：在函数中声明的变量，它的作用域就是当前的代码块，超过这个范围，变量则失效。

（2）全局变量：在模块中声明的变量，它的作用域是整个模块。

示例代码如下：

```
# coding = utf - 8
# 4.3 函数变量作用域
abc = 10                # 创建全局变量 abc


def show_info():

    abc = 30           # 创建局部变量 abc
    print("abc = ", abc)


# 调用 show_info 函数
show_info()
print("abc = ", abc)                    ①
```

上述代码执行结果如下：

```
abc = 30
abc = 10
```

在函数中创建 abc 变量与全局变量 abc 名称相同，在函数作用域内局部变量 abc 会屏蔽全局变量 abc，当函数结束后，局部变量作用域失效，所以代码第①行访问的还是全局变量 abc。

Python 提供 global 关键字，可以把局部变量的作用域变成全局的。

修改上述示例代码如下：

```
# coding = utf - 8
```

```
# 函数变量作用域使用 global 关键字
abc = 10                          # 创建全局变量 abc


def show_info():
    global abc                    # 声明局部变量 abc 为全局变量        ①
    abc = 30                      # 修改变量 abc
    print("abc = ", abc)


# 调用 show_info 函数
show_info()
print("abc = ", abc)                                                ②
```

上述代码执行结果如下：

```
abc = 30
abc = 30
```

上述代码第①行是在函数中声明局部变量 abc 为全局变量，此次修改 abc 变量后，代码第②行访问 abc 变量时，则是 30。

4.4　匿名函数与 lambda 函数

前面声明的函数都是有名称的，如果函数没有名称，则称为匿名函数。Python 中的匿名函数也称为 lambda 函数。

声明 lambda 函数的语法格式如下：

lambda 参数列表：表达式

如果要编写实现计算一个数值双倍的函数，通常的有名函数实现代码如下：

```
# coding = utf - 8
# 4.4 - 1 有名函数实现


def double(x):
    """ 计算 x 的双倍函数 """
    return x * 2


print(double(10))
print(double(1.25))
```

上述代码执行结果如下：

```
20
2.5
```

上述代码如果使用 lambda 函数实现，代码如下：

```
# coding = utf - 8
# 4.4 - 2 匿名函数与 lambda 函数实现
```

```
doubx = lambda x: x * 2               # 计算 x 的双倍 lambda 函数        ①

print(doubx(10))
print(doubx(1.25))
```

上述代码执行结果如下：

```
20
2.5
```

上述代码第①行声明了 lambda 函数，返回值 doubx 事实上就是一个函数，因此表达式 doubx(10) 和 doubx(1.25) 都是在调用 lambda 函数。

微课视频

4.5　生成器

如果一个序列中保存了大量的元素，但是在具体使用时，有些元素很少用到，如果每次使用时都加载这些元素，显然会浪费有限的内存资源。生成器（generator）无须将对象的所有元素都载入内存后才开始进行操作，仅在迭代至某个元素时才会将该元素载入内存。

例如计算平方数列，通常的实现代码如下：

```
# coding = utf - 8
# 4.5 - 1 未采用生成器实现

def square(num):
    """ 声明一个函数计算平方 """
    n_list = []
    for i in range(1, num + 1):                    ①
        n_list.append(i * i)               # 将结果保存到一个列表对象 n_list 中

    return n_list                          # 列表对象
L = square(5)                              # 调用函数返回的列表对象 L
for i in L:                               # 遍历列表对象 L
    print(i, end = ' ')                              ②
```

上述代码执行结果如下：

```
1 4 9 16 25
```

上述代码就是声明一个函数返回列表，然后使用函数返回的列表对象，注意其中代码第①行 range() 函数返回一个数列范围对象，代码第②行的 print() 函数中的 end 参数用于指定打印结尾的字符，本例指定 end 参数是空格。

生成器函数通过 yield 语句返回数据，与 return 语句不同的是：return 语句一次返回所有数据，函数调用结束；而 yield 语句只返回一个元素数据，函数调用不会结束，只是暂停，等到 __next__() 方法被调用，程序继续执行 yield 语句之后的语句代码。这个过程如图 4-1 所示。

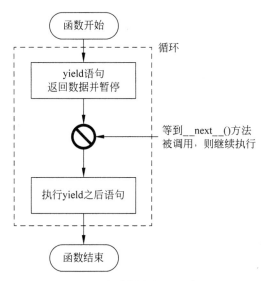

图 4-1　生成器函数调用过程

如果采用生成器实现上述示例,代码如下:

```
# coding = utf - 8
# 4.5 - 2 采用生成器实现


def square(num):
    """ 声明一个函数用于计算从 1 到给定数字(num)的平方数 """
    for i in range(1, num + 1):
        yield i * i                    # 使用 yield 语句替代 return 语句          ①

L1 = square(5)                         # 调用函数返回生成器对象 L
L1.__next__()                          # 从生成器对象 L 中获取元素
for i in L1:                           # 遍历生成器 L 对象
    print(i, end = '')
print(L1.__next__())                   # 再次从生成器对象 L 中获取元素发生异常 ②
```

上述代码执行结果如下:

```
4 9 16 25 Traceback (most recent call last):
  File "C:\...\code\chapter4\4.5 - 2.py", line 16, in < module >
    print(L1.__next__())              # 再次从生成器对象 L 中获取元素发生异常
StopIteration
```

上述代码第①行使用 yield 语句替代 return 语句返回数据,这是实现迭代器的关键,另外需要注意的是,上述示例运行结果发生了异常,是因为生成器对象 L 通过 for 循环迭代了所有元素,如果试图再次通过__next__()方法迭代获取元素(见代码第②行)则会引发异常。

4.6　高阶函数

高阶函数是指函数的参数或者返回值也是一个函数，由于 lambda 函数使用比较方便，所以在高阶函数中会使用 lambda 函数作为参数或返回值。

微课视频

4.6.1　使用 filter() 函数

Python 语言提供了很多内置高阶函数，其中 filter() 和 map() 函数最为常用。下面详细介绍这两个函数的使用。

4.6.2　filter() 函数

filter() 函数用于过滤数据，它可以对可迭代对象（序列、集合和字典等）中的元素进行过滤，然后返回一个过滤后的迭代对象，filter() 函数语法格式如下：

```
filter(function, iterable)
```

filter() 函数返回生成器对象，其中参数 function 是一个函数，参数 iterable 是可迭代对象。filter() 函数调用时 iterable 会被遍历，它的元素逐一传入 function 函数，function 函数返回布尔值，在 function 函数中编写过滤条件，如果为 True，则元素被保留，如果为 False，则元素被过滤掉。

例如[1, 2, 4, 5, 7, 8, 10, 11]列表，如果想找出其中的偶数列表[2, 4, 8, 10]，那么使用 filter() 函数实现的代码如下：

```
# coding = utf - 8
# 4.6.2 filter()函数

# 声明一个输入列表
in_list = [1, 2, 4, 5, 7, 8, 10, 11]

# 通过 filter()函数过滤 in_list 列表，其中第 1 个参数是 lambda 函数
filter_obj = filter(lambda num: (num % 2) == 0, in_list)
print(filter_obj)

out_list = list(filter_obj)      # 从 filter_obj 对象中提取数据，并转换为列表对象      ①
print(out_list)

out_list = list(filter_obj)      # 再次从 filter_obj 对象中提取数据      ②
print(out_list)                  # 打印列表对象为空
```

上述代码执行结果如下：

```
< filter object at 0x0000021F65B33F10 >
[2, 4, 8, 10]
[]
```

从上述执行结果可见 filter() 函数返回值为 filter_obj，filter_obj 本质上是一种生成器

对象,因此需要从 filter_obj 对象中提取数据,并通过 list()函数将其转换为列表对象,见代码第①行。由于在代码第①行提取了一次生成器对象中的数据,那么在代码第②行试图再次提取数据时,将无法提取数据。

4.6.3　map()函数

微课视频

数据的映射操作可以使用 map()函数实现,它可以对可迭代对象进行变换,然后返回一个变换后的迭代对象,map()函数语法格式如下:

```
map(function, iterable)
```

map()返回生成器对象,其中参数 function 是一个函数,参数 iterable 是可迭代对象。map()函数调用时 iterable 会被遍历,它的元素逐一传入 function 函数,在 function 函数中对元素进行变换。

下面通过一个示例介绍 map()函数的使用。

例如[1, 2, 4, 5, 7, 8, 10, 11]列表,如果想获得其中 3 次方的元素列表[2, 4, 8, 10],那么使用 map()函数实现代码如下:

```
# coding = utf - 8
# 4.6.3 map()函数

# 声明一个输入列表
in_list = [1, 2, 4, 5, 7, 8, 10, 11]

# 通过 map()函数映射 in_list 列表,其中第 1 个参数是 lambda 函数
map_obj = map(lambda num: num ** 3, in_list)
print(map_obj)

out_list = list(map_obj)              # 从 map_obj 对象中提取数据,并转换为列表对象
print(out_list)

out_list = list(map_obj)              # 再次从 map_obj 对象中提取数据
print(out_list)                       # 打印列表对象为空
```

上述代码执行结果如下:

```
< map object at 0x0000026BFFE33700 >
[1, 8, 64, 125, 343, 512, 1000, 1331]
[]
```

从上述执行结果可见 map()函数返回值为 map_obj,map_obj 本质上也是生成器对象,因此它也只能提取一次数据。

4.7　动手练一练

1. 选择题

有下列函数 area 定义的代码,哪些调用语句是正确的?(　　　)

```
def area(width, height):
    return width * height
```

A. area(320.0，480.0)

B. area(width＝320.0，height＝480.0)

C. area(320.0，height＝480.0)

D. area(width＝320.0，height)

E. area(height＝480.0，width＝320.0)

2. 填空题

在下列代码横线处填写一些代码使之能够获得输出的运行结果。

```
x = 200

def print_value():
    ____ x
    x = 100
    print("函数中 x = {0}".format(x))

print_value()
print("全局变量 x = {0}".format(x))
```

输出结果：
函数中 x = 100
全局变量 x = 100

3. 判断题

Python 支持函数重载。（   ）

4. 编程题

使用 filter()函数输出 1～100 的所有素数。

## 第 5 章

面向对象编程

面向对象编程是现在计算机编程语言的重要特性,Python 是支持面向对象的编程语言,本章将介绍 Python 语言中面向对象编程的基础知识。

5.1 面向对象编程定义

面向对象编程(Object Oriented Programming,OOP)是一种编程方法,它是按照真实世界客观事物的自然规律进行分析和构建的软件系统。真实世界的公司中会有员工和经理,而在面向对象编程的世界中也有员工和经理,他们会被抽象地称为"类",假设小白是一名员工,老李是他的经理,那么小白是员工类的实例(也称对象),老李是经理类的实例。

5.2 声明类

面向对象编程的第一步就是声明类,类声明语法格式如下:

```
class 类名[ (父类) ]:
    类体
```

微课视频

其中，class 是声明类的关键字，“类名”是自定义的类名，自定义类名首先应该是合法的标识符，父类可以省略声明，表示直接继承 object 类。

声明员工(Employee)类代码如下：

```
# coding = utf - 8
# 5.2 声明类

class Employee:
    # 类体
    pass # pass 语句什么操作都不执行,用来维持程序结构的完整
```

上述代码声明了员工类，它继承了 object 类，object 是所有类的根类，在 Python 中任何一个类都直接或间接继承 object 类，所以 object 类部分代码可以省略。

提示 代码的 pass 语句什么操作都不执行，用来维持程序结构的完整。有时还没有编写代码，又不想有语法错误，可以使用 pass 语句占位。

微课视频

5.2.1 类的成员

在类体中可以包含类的成员，类成员如图 5-1 所示，其中包括构造方法、成员变量、属性和成员方法，成员变量又分为实例变量和类变量，成员方法又分为实例方法、类方法和静态方法。

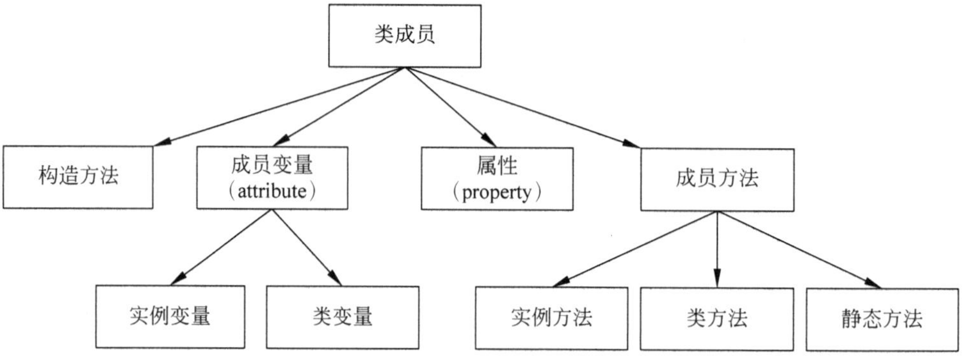

图 5-1 类成员

提示 方法是对象中的函数。

微课视频

5.2.2 实例变量与构造方法

实例变量就是某个实例(或对象)个体特有的“数据”，例如，不同的员工有自己的姓名(name)和编号(no)，name 和 no 都是实例变量。构造方法是用来初始化对象的实例成员

变量。

示例代码如下：

```
# coding = utf - 8
# 5.2.2 实例变量与构造方法

class Employee:
    """声明员工类"""

    def __init__(self, name, no, sal):                          ①
        """ 构造方法 """
        self.name = name                    # 声明姓名实例变量         ②
        self.no = no                        # 声明员工编号实例变量
        self.salary = sal                   # 声明薪水实例变量

emp1 = Employee("Tony", 1001, 5000)     # 通过 Employee 类创建 emp1 对象  ③
emp2 = Employee("Ben", 1002, 4500)      # 通过 Employee 类创建 emp2 对象

print(f'员工:{emp1.name}编号:{emp1.no} 薪水:{emp1.salary}')       ④
print(f'员工:{emp2.name}编号:{emp2.no}薪水:{emp2.salary}')
```

上述代码第①行__init__()方法是员工类的构造方法，注意 init 前后__是双下画线。构造方法中的第一个参数是 self，self 是指当前实例，表示这个方法与当前实例绑定，self 后的参数才是用来初始化实例变量的，调用构造方法时不需要传入 self。

代码第②行 self.name 是声明姓名(name)实例变量，self 表示当前实例，该变量与当前实例绑定。

代码第③行通过 Employee("Tony"，1001)调用构造方法，创建 emp1 对象并初始化 emp1 对象。

代码第④行是通过对象"emp1."运算符调用 emp1 对象的实例变量。

5.2.3 实例方法

微课视频

实例方法与实例变量一样，都是某个实例(或对象)个体特有的。本节先介绍实例方法。

实例方法是在类中定义的函数。而定义实例方法时它的第一个参数也应该是 self，这个过程是将当前实例与该方法绑定起来，使该方法成为实例方法。

实例方法示例如下：

```
# coding = utf - 8
# 5.2.3 实例方法

class Employee:
    """声明员工类"""

    def __init__(self, name, no, sal):
        """ 构造方法 """
```

```
        self.name = name                        # 声明姓名实例变量
        self.no = no                            # 声明员工编号实例变量
        self.salary = sal                       # 声明薪水实例变量


    # 声明实例成员方法
    def adjust(self, sal):                                                    ①
        """ 调整薪水方法 """
        self.salary += sal


emp1 = Employee("Tony", 1001, 5000)             # 通过 Employee 类创建 emp1 对象
emp1.adjust(500)                                # 调用 emp1 对象的 adjust()方法
emp2 = Employee("Ben", 1002, 4500)              # 通过 Employee 类创建 emp2 对象
emp2.adjust( - 200)                             # 调用 emp2 对象的 adjust()方法

print(f'员工:{emp1.name}编号:{emp1.no} 薪水:{emp1.salary}')
print(f'员工:{emp2.name}编号:{emp2.no}薪水:{emp2.salary}')
```

上述代码执行结果如下：

```
员工:Tony 编号:1001 薪水:5500
员工:Ben 编号:1002 薪水:4300
```

上述代码第①行声明实例成员方法，它的第 1 个参数也是 self，表示该方法绑定当前实例，该方法的第 2 个参数 sal 才是该方法的参数，调用该方法时只传递 sal 参数，不需要传入 self 参数。

5.2.4　类变量

微课视频

类变量是所有实例（或对象）共有的变量。例如同一个公司员工，他们的员工编号、姓名和薪水会因人而异，而他们所在公司名是相同的。所在公司与个体实例无关，或者说是所有账户实例共享的，这种变量称为"类变量"。

类变量示例代码如下：

```
# coding = utf - 8
# 5.2.4 类变量


class Employee:
    """"声明员工类"""

    # 类变量
    company_name = "XYZ"                        # 声明所在公司类变量                    ①

    def __init__(self, name, no, sal):
        """ 构造方法 """
        self.name = name                        # 声明姓名实例变量
        self.no = no                            # 声明员工编号实例变量
        self.salary = sal                       # 声明薪水实例变量
```

```
  # 声明实例成员方法
  def adjust(self, sal):
      """ 调整薪水方法 """
      self.salary += sal
```

```
emp1 = Employee("Tony", 1001, 5000)              # 通过 Employee 类创建 emp1 对象
print(f'员工:{emp1.name}编号:{emp1.no}所在公司:{Employee.company_name}')  # 读取类变量        ②
Employee.company_name = 'ABC'                    # 修改类变量                              ③
print(f'员工:{emp1.name}编号:{emp1.no}所在公司:{Employee.company_name}')   # 读取类变量
```

上述代码执行结果如下：

```
员工:Tony 编号:1001 所在公司:XYZ
员工:Tony 编号:1001 所在公司:ABC
```

上述代码第①行是创建并初始化类变量。创建类变量与实例变量不同,类变量要在方法之外定义。

代码第②行和第③行访问实例变量,通过“类名.类变量”的形式访问。

5.2.5　类方法

类方法与类变量类似,都属于类,而不属于个体实例的方法,类方法不需要与实例绑定,但需要与类绑定,定义时它的第 1 个参数不是 self,而是当前类。

类方法示例代码如下：

```
# coding = utf - 8
# 5.2.5 类方法

class Employee:
    """声明员工类"""

    # 类变量
    company_name = "XYZ"                       # 声明所在公司类变量

    def __init__(self, name, no, sal):
        """ 构造方法 """
        self.name = name                       # 声明姓名实例变量
        self.no = no                           # 声明员工编号实例变量
        self.salary = sal                      # 声明薪水实例变量

    # 声明实例成员方法
    def adjust(self, sal):
        """ 调整薪水方法 """
        self.salary += sal

    # 声明类方法
    @classmethod                               # 声明类方法装饰器
    def show_company_name(cls):                                        ①
        """ 显示所在公司 """
```

```
    # 通过类方法访问类变量
    return cls.company_name                                            ②

@classmethod
def change_company_name(cls, new_name):                                ③
    """ 改变所在公司 """
    cls.company_name = new_name


emp1 = Employee("Tony", 1001, 5000) # 通过 Employee 类创建 emp1 对象
print(f'员工:{emp1.name}编号:{emp1.no}所在公司:{Employee.show_company_name()}')    ④
Employee.change_company_name("ABC")
print(f'员工:{emp1.name}编号:{emp1.no}所在公司:{Employee.show_company_name()}')
```

上述代码执行结果如下：

```
员工:Tony 编号:1001 所在公司:XYZ
员工:Tony 编号:1001 所在公司:ABC
```

上述代码第①行声明类方法，注意在方法前要加装饰器@classmethod，另外，类方法的第 1 个参数 cls 表示当前类。代码第②行是访问类变量。

代码第③行还是声明类方法，它的第 1 个参数是 cls，第 2 个参数是要改变的公司名。

代码第④行通过"类.类方法"的形式访问。

提示　装饰器是 Python 语言提供的注释，它可以扩展函数或类功能。

微课视频

5.2.6　静态方法

如果定义的方法既不想与实例绑定，也不想与类绑定，只想把类作为它的命名空间，那么可以定义静态方法。

静态方法示例代码如下：

```
# coding = utf - 8
# 5.2.6 静态方法
class Employee:
    """声明员工类"""

    # 类变量
    company_name = "XYZ"                       # 声明所在公司类变量

    def __init__(self, name, no, sal):
        """ 构造方法 """
        self.name = name                       # 声明姓名实例变量
        self.no = no                           # 声明员工编号实例变量
        self.salary = sal                      # 声明薪水实例变量

    # 声明实例成员方法
    def adjust(self, sal):
```

```
        """ 调整薪水方法 """
        self.salary += sal


    # 声明类方法                          # 声明类方法装饰器
    @classmethod
    def show_company_name(cls):
        """ 显示所在公司 """
        # 通过类方法访问类变量
        return cls.company_name

    @classmethod
    def change_company_name(cls, new_name):
        """ 改变所在公司 """
        cls.company_name = new_name

    @staticmethod                        # 声明静态方法装饰器
    def is_senior_employee(salary):                                    ①
        """ 判断是高级员工 """
        return salary > 5000
```

```
emp1 = Employee("Tony", 1001, 5000)  # 通过 Employee 类创建 emp1 对象
x = Employee.is_senior_employee(emp1.salary)
print(f'员工:{emp1.name}编号:{emp1.no}是否为高级员工?{x}')
```

上述代码执行结果如下：

员工:Tony 编号:1001 是否为高级员工?False

上述代码第①行声明静态方法,注意在方法前要加装饰器@staticmethod,该方法不指定 self 参数和 cls 参数。

5.3　封装性

封装性是面向对象的三大特性之一,Python 语言提供了对封装性的支持。

5.3.1　私有成员变量

微课视频

默认情况下,Python 类中的成员变量是公有的,如果想让它们成为私有成员变量,可以在变量前加上双下画线"__"。

例如在员工类中薪水是保密的,可以将其设置为私有的,示例代码如下：

```
# coding = utf - 8
# 5.3.1 私有成员变量


class Employee:
    """声明员工类"""
```

```
    def __init__(self, name, no, sal):
        """ 构造方法 """
        self.name = name
        self.no = no
        self.__salary = sal                              # 声明私有成员变量        ①


emp1 = Employee("Tony", 1001, 5000)                      # 通过 Employee 类创建 emp1 对象
emp2 = Employee("Ben", 1002, 4500)                       # 通过 Employee 类创建 emp2 对象

print(f'员工:{emp1.name}编号:{emp1.no} 薪水:{emp1.salary}')              ②
```

上述代码执行结果如下：

```
Traceback (most recent call last):
    File "C:\...\chapter5\5.3.1.py", line 17, in < module >
        print(f'员工:{emp1.name}编号:{emp1.no} 薪水:{emp1.salary}')
AttributeError: 'Employee' object has no attribute 'salary'
```

上述代码第①行声明私有成员变量__salary，当试图在类的外部访问该变量时则会引发错误，见代码第②行。

5.3.2 私有成员方法

私有成员方法与私有成员变量的封装是类似的，只要在方法前加上双下画线"__"就是私有成员方法了。

示例代码如下：

```
# coding = utf - 8
# 5.3.2 私有成员方法

class Employee:
    """声明员工类"""

    def __init__(self, name, no, sal):
        """ 构造方法 """
        self.name = name
        self.no = no
        self.__salary = sal                              # 声明私有成员变量

        # 声明私有成员方法
        def __show__salary(self):                                        ①
            print(self.__salary)


emp1 = Employee("Tony", 1001, 5000)                      # 通过 Employee 类创建 emp1 对象
emp2 = Employee("Ben", 1002, 4500)                       # 通过 Employee 类创建 emp2 对象

print(f'员工:{emp1.name}编号:{emp1.no} 薪水:{emp1.__show__salary()}')          ②
```

微课视频

上述代码执行结果如下：

```
File "C:\...\5.3.2.py", line 21, in <module>
    print(f'员工:{emp1.name}编号:{emp1.no} 薪水:{emp1.__show__salary()}')
AttributeError: 'Employee' object has no attribute '__show__salary'
```

上述代码第①行声明私有成员方法__show__salary，当试图在类的外部访问该方法时，则会引发错误，见代码第②行。

5.4 继承性

微课视频

类的继承性也是面向对象编程的基本特性，继承性能够更好地重用代码。

5.4.1 在 Python 语言中实现继承

如图 5-2 所示是一个类图，Employee 是子类，Person 是父类。

实现类图（见图 5-2）代码如下：

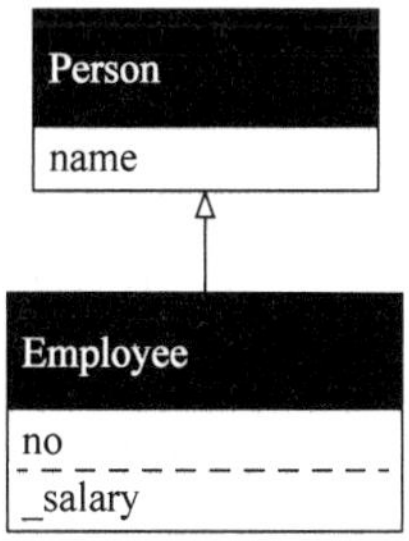

```
# coding = utf - 8
# 5.4.1 在 Python 语言中实现继承

class Person:                   ①
    """声明人类"""

    def __init__(self, name):
        """ 构造方法 """
        self.name = name


class Employee(Person):                                              ②
    """声明员工类"""

    def __init__(self, name, no, sal):
        super().__init__(name)              # 调用父类的构造方法        ③
        """ 构造方法 """
        self.name = name
        self.no = no
        self.__salary = sal                 # 声明私有成员变量


p1 = Person("Tony")                         # 通过 Person 类创建 p1 对象
emp1 = Employee("Ben", 1002, 4500)          # 通过 Employee 类创建 emp1 对象

print(f'姓名:{p1.name}')
print(f'员工:{emp1.name}编号:{emp1.no} ')
```

图 5-2 类图 1

上述代码执行结果如下：

```
姓名:Tony
员工:Ben 编号:1002
```

上述代码第①行声明 Person 类，第②行声明 Employee 类，Employee 继承 Person 类，其中小括号中是父类。如果没有指明父类（即用一对空的小括号或省略小括号表示），则默认父类为 object，object 类是 Python 的根类。

代码第③行 super().__init__(name)语句是调用父类的构造方法，super()函数是返回父类引用，通过它可以调用父类中的实例变量和方法。

5.4.2　多继承

所谓多继承，就是一个子类有多个父类。大部分计算机语言，如 Java、Swift 等，只支持单继承，不支持多继承，而 Python 支持多继承。

多继承示例代码如下：

```
# coding = utf - 8
# 5.4.2 多继承

class ParentClass1:                              # 声明父类 ParentClass1
    def show(self):
        print('ParentClass1 show...')

class ParentClass2:                              # 声明父类 ParentClass2
    def show(self):
        print('ParentClass2 show...')

class SubClass1(ParentClass1, ParentClass2):     # 声明子类 SubClass1        ①
    pass

class SubClass2(ParentClass2, ParentClass1):     # 声明子类 SubClass2        ②
    pass
sub1 = SubClass1()
sub1.show()
sub2 = SubClass2()
sub2.show()
```

上述代码执行结果如下：

```
ParentClass1 show...
ParentClass2 show...
```

上述代码第①行声明子类 SubClass1，它优先继承 ParentClass1，其次是 ParentClass2，以此类推，所以 SubClass1 继承的 show()方法来自于 ParentClass1，而 SubClass2 继承的 show()方法来自于 ParentClass2。

微课视频

5.5　多态性

在面向对象程序设计中，多态是一个非常重要的特性，理解多态有利于进行面向对象的分析与设计。

5.5.1 多态概念

发生多态要有如下两个前提条件：

(1) 继承：多态发生在子类和父类之间。

(2) 重写(Override)：子类重写了父类的方法。

如图 5-3 所示的类图中，一个父类 Shape(几何图形)有一个计算面积方法 area()，Shape 有两个子类 Square 和 Circle，两个子类重写 area()方法。

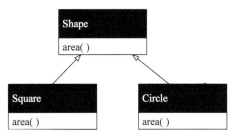

图 5-3 类图 2

具体代码如下：

```
# 5.5.1 多态概念
class Shape:
    def __init__(self, name):
        self.name = name

    def area(self):
        pass

class Square(Shape):
    def __init__(self, length):
        super().__init__("Square")
        self.length = length

class Circle(Shape):
    def __init__(self, radius):
        super().__init__("Circle")
        self.radius = radius
```

上述代码实现如图 5-3 所示的类图，声明了 3 个类。

5.5.2 重写方法

5.5.1 节中的示例代码，只是实现继承，但是子类并未重写父类方法 area()，因此也不会发生多态。修改 5.5.1 节示例代码如下：

```
from math import pi                    # 引入 π 常量

# 5.5.2 重写方法
```

```
class Shape:
    def __init__(self, name):
        self.name = name
    def area(self):
        pass
class Square(Shape):
    def __init__(self, length):
        super().__init__("Square")
        self.length = length

    def area(self):                    # 重写父类 area()方法        ①
        return self.length ** 2


class Circle(Shape):
    def __init__(self, radius):
        super().__init__("Circle")
        self.radius = radius

    def area(self):                    # 重写父类 area()方法        ②
        return pi * self.radius ** 2


shapeA = Square(4)  # 创建正方形对象 A
shapeB = Circle(7)  # 创建圆形对象 B


area = shapea.area()
print(f'shapeA 的面积:{area:0.3f}')
area = shapeb.area()
print(f'shapeB 的面积:{area:0.3f}')
```

上述代码执行结果如下：

```
shapeA 的面积:16.000
shapeB 的面积:153.938
```

上述代码第①行重写父类 area()方法，该方法是计算正方形的面积。代码第②行重写父类 area()方法，该方法是计算圆形的面积。

5.6 动手练一练

1. 判断题

（1）在 Python 中，类具有面向对象的基本特征，即封装性、继承性和多态性。（　　）

（2）__str__()这种双下画线开始和结尾的方法，是 Python 保留的，有着特殊的含义，称为魔法方法。（　　）

（3）__init__()方法用来创建和初始化实例变量，这种方法称为"构造方法"。（　　）

（4）实例方法是在类中定义的,它的第 1 个参数也应该是 self,这个过程是将当前实例与该方法绑定起来。（　　）

（5）静态方法不与实例绑定,也不与类绑定,只是把类作为它的命名空间。（　　）

（6）公有成员变量就是在变量前加上两个下画线。（　　）

2．选择题

下列哪些选项是类的成员？（　　）

A．成员变量　　　　B．成员方法　　　　C．属性　　　　D．实例变量

第 6 章

日期和时间

Python 官方提供了很多实用的内置模块,本章介绍日期和时间的相关模块——datetime 模块。

6.1 datetime 模块

datetime 模块中提供了以下几个类。

（1）datetime：包含时间和日期。

（2）date：只包含日期。

（3）time：只包含时间。

（4）timedelta：计算时间跨度。

（5）tzinfo：时区信息。

6.1.1 datetime 类

datetime 对象包含了日期和时间等信息,创建 datetime 对象下的构造函数：

datetime. datetime(year, month, day, hour = 0, minute = 0, second = 0, microsecond = 0, tzinfo = None)

参数说明：

- year：指定年份，该参数不能省略，它的取值范围是 year datetime. MINYEAR≤year≤ datetime. MAXYEAR，其中 datetime. MINYEAR 常量是最小年份，datetime. MAXYEAR 常量是最大年份。
- month：指定月份，该参数不能省略，它的取值范围是 1≤month≤12。
- day：指定日，该参数不能省略，它的取值范围是 1≤day≤给定年份和月份时该月的最大天数。
- hour：指定小时，该参数可以省略，它的取值范围是 0≤hour<24。
- minute：指定分钟数，该参数可以省略，它的取值范围是 0≤minute<60。
- second：指定秒数，该参数可以省略，它的取值范围是 0≤second<60。
- microsecond：指定毫秒数，该参数可以省略，它的取值范围是 0≤microsecond<1000000。
- tzinfo：指定时区，默认值是 None，表示不指定时区。

示例代码如下：

```
# coding = utf - 8
# 6.1.1 - 1 datetime 类

import datetime                              # 引入 datetime 模块

dt1 = datetime. datetime(2023, 8, 31)
dt2 = datetime. datetime(2020, 2, 28, 23, 60, 59, 10000)   # 发生异常,minute 超过取值范围
dt3 = datetime. datetime(2023, 2, 30)                       # 发生异常,day 超过取值范围
print(dt1)
```

上述代码执行结果如下：

```
Traceback (most recent call last):
    File "C:\...\chapter6\6.1.1 - 1.py", line 7, in < module >
        dt2 = datetime. datetime(2020, 2, 28, 23, 60, 59, 10000)   # 发生异常,minute 超过取
                                                                   # 值范围
ValueError: minute must be in 0..59
```

从运行结果可见，会发生 ValueError 异常，该异常表示取值异常，关于异常处理内容将在第 7 章详细介绍，此处不再赘述。

除了通过构造方法创建并初始化 datetime 对象，还可以通过 datetime 类提供的一些类方法获得 datetime 对象，这些类方法有以下几种：

（1）datetime. today()：返回当前本地日期和时间。

（2）datetime. now(tz＝None)：返回指定时区的当前本地日期和时间，如果参数 tz 为None 或未指定，则等同于 today()。

（3）datetime. utcnow()：返回当前 UTC 日期和时间。

（4）datetime. fromtimestamp(timestamp,tz＝None)：返回与 UNIX 时间戳(1970 年 1月 1 日 00：00：00 以来至现在的总秒数)对应的本地日期和时间。

💡**提示** UTC 即协调世界时，它以原子时秒长为基础，是最接近世界时的一种时间计量系统。UTC 比 GMT（格林尼治标准时间）更加精准，它的出现满足了现代社会对于精确计时的需要。

示例代码如下：

```
# coding = utf - 8
# 6.1.1 - 2 datetime 类

import datetime

dt1 = datetime.datetime.today()              # 获得当前本地时间
dt2 = datetime.datetime.now()                # 获得当前本地时间，没有指定时区，与 today()相同
dt3 = datetime.datetime.utcnow()             # 返回当前 UTC 日期时间

ts = 999999999.999                           # 声明时间戳秒数
dt4 = datetime.datetime.fromtimestamp(ts)    # 通过时间戳创建本地日期时间
dt5 = datetime.datetime.utcfromtimestamp(ts) # 通过时间戳创建 UTC 日期时间

print("dt1", dt1)
print("dt2", dt2)
print("dt3", dt3)
print("dt4", dt4)
print("dt5", dt5)
```

上述代码执行结果如下：

```
dt1 2022 - 08 - 31 19:33:37.488215
dt2 2022 - 08 - 31 19:33:37.488215
dt3 2022 - 08 - 31 11:33:37.488215
dt4 2001 - 09 - 09 09:46:39.999000
dt5 2001 - 09 - 09 01:46:39.999000
```

从运行结果可见，dt1 和 dt2 相同，dt3 是当前 UTC 日期时间，注意 dt3 比 dt1 和 dt2 晚 8 小时，这是因为笔者的计算机用的是北京时间，北京时间是东八区，即 UTC 时间＋8，而 dt4 也比 dt5 晚 8 个小时也是这个原因。

6.1.2 date 类

微课视频

date 对象可以表示日期等信息，创建 date 对象可以使用如下构造函数：

```
datetime.date(year, month, day)
```

构造函数 year、month 和 day 三个参数与 datetime.datetime()函数参数相同，此处不再赘述。

示例代码如下：

```
# coding = utf - 8
```

```
# 6.1.2 - 1 date 类

import datetime

date1 = datetime.date(2022, 2, 28)
# date2 = datetime.date(2022, 20, 29)        # 发生异常,month 超过取值范围
# date3 = datetime.date(2018, 2, 28)

print("date1", date1)
```

上述代码执行结果如下：

```
date1 2022 - 02 - 28
```

除了通过构造函数创建并初始化 date 对象,还可以通过 date 类提供的一些类方法获得如下 date 对象。

（1）date.today()：返回当前本地日期。

（2）date.fromtimestamp(timestamp)：返回与 UNIX 时间戳对应的本地日期。

示例代码如下：

```
# coding = utf - 8
# 6.1.2 - 2 date 类

import datetime

date1 = datetime.date.today()                  # 返回当前本地日期

ts = 999999999.999                             # 声明时间戳秒数
date2 = datetime.date.fromtimestamp(ts)        # 返回与 UNIX 时间戳对应的本地日期

print("date1", date1)
print("date2", date2)
```

上述代码执行结果如下：

```
date1 2022 - 08 - 31
date2 2001 - 09 - 09
```

6.1.3 time 类

微课视频

time 对象可以表示一天中时间信息,创建 time 对象可以使用如下构造函数：

```
datetime.time(hour = 0, minute = 0, second = 0, microsecond = 0, tzinfo = None)
```

该构造方法的所有参数都是可选的,这些参数与 datetime.datetime()方法参数相同,此处不再赘述。

示例代码如下：

```
# coding = utf - 8
# 6.1.3 time 类
```

```
import datetime

time1 = datetime.time(24, 59, 58, 1999)          ①
time2 = datetime.time(24, 59, 58, 1999)       # 发生异常,hour(小时)超过取值范围

print("date1", time2)
```

上述代码执行结果如下：

```
Traceback (most recent call last):
    File "C:\...\code\chapter6\6.1.3.py", line 6, in <module>
        time1 = datetime.time(24, 59, 58, 1999)
ValueError: hour must be in 0..23
```

在使用 time 时需要导入 datetime 模块。上述代码第①行试图创建 time 对象,由于一天时间不能超过 24 小时,因此发生 ValueError 异常。

6.2　日期和时间格式化

微课视频

无论日期还是时间,当显示时,都需要进行格式化输出,使之能够符合特定地区人们查看日期和时间的习惯。

日期和时间格式化是通过 datetime、date 和 time 三个类中实例函数 strftime(format) 实现的。format 是格式化控制字符串,它是由日期和时间格式控制符构成。常用的日期和时间格式控制符如表 6-1 所示。

表 6-1　日期和时间格式控制符

控 制 符	含　　义	示　　例
%m	两位月份表示	01、02、12
%y	两位年份表示	08、18
%Y	四位年份表示	2008、2018
%d	两位表示月内中的一天	01、02、03
%H	两位小时表示(24 小时制)	00、01、23
%I	两位小时表示(12 小时制)	01、02、12
%p	AM 或 PM 区域性设置	AM 和 PM
%M	两位分钟表示	00、01、59
%S	两位秒表示	00、01、59
%f	以 6 位数表示微秒	000000,000001,…,999999
%z	＋HHMM 或－HHMM 形式的 UTC 偏移	＋0000、－0400、＋1030,如果没有设置,时区为空
%Z	时区名称	UTC、EST、CST,如果没有设置,时区为空

示例代码如下：

```
# coding = utf - 8
# 6.2 日期和时间格式化
```

```
import datetime

dt1 = datetime.datetime.today()              # 创建当前日期和时间对象 dt1
s = dt1.strftime('%Y-%m-%d %H:%M:%S')        # 格式化日期和时间对象 dt1
print("date1", s)

date1 = datetime.date(2022, 2, 28)           # 创建当前日期对象 date1
s = date1.strftime('%Y-%m-%d')               # 格式化日期对象 date1
print("date1", s)

time1 = datetime.time(23, 59, 58, 1999)      # 创建当前时间对象 time1
s = time1.strftime('%H:%M:%S')               # 格式化时间对象 time1
print("time1", s)
```

上述代码执行结果如下：

```
date1 2022-08-31 21:18:58
date1 2022-02-28
time1 23:59:58
```

6.3　日期和时间解析

微课视频

与日期和时间格式化输出相反的操作是日期和时间的解析，就是将日期和时间字符串解析为日期和时间对象，日期和时间解析使用 datetime 类的类函数 strptime(date_string, format)实现的，其中参数 date_string 是要解析的字符串，参数 format 是格式化字符串。

示例代码如下：

```
# coding = utf-8
# 6.3 日期和时间解析

import datetime

str_date1 = '2023-08-30 10:40:26'      # 声明日期和时间字符串
date1 = datetime.datetime.strptime(str_date1, '%Y-%m-%d %H:%M:%S')  # 解析日期和时
                                                                    # 间字符串
print(date1)

str_date2 = '2023-8-31'                # 声明日期字符串
date2 = datetime.datetime.strptime(str_date2, '%Y-%m-%d')    # 解析日期字符串
print(date2)

str_date3 = '2023-B-30'                # 声明一个非法的日期字符串,用于测试
date3 = datetime.datetime.strptime(str_date3, '%Y-%m-%d')  # 试图解析非法的日期和时间
                                                           # 字符串
print(date3)
```

上述代码执行结果如下：

```
2023-08-30 10:40:26
```

```
2023 - 08 - 31 00:00:00
Traceback (most recent call last):
    File "C:\...\chapter6\6.3.py", line 15, in <module>
        date3 = datetime.datetime.strptime(str_date3, '%Y - %m - %d')
    File "C:\Users\tony\AppData\Local\Programs\Python\Python310\lib\_strptime.py", line
568, in _strptime_datetime
        tt, fraction, gmtoff_fraction = _strptime(data_string, format)
    File "C:\Users\tony\AppData\Local\Programs\Python\Python310\lib\_strptime.py", line
349, in _strptime
        raise ValueError("time data %r does not match format %r" %
ValueError: time data '2023 - B - 30' does not match format '%Y - %m - %d'
```

由于上述代码中试图解析非法的日期和时间字符串,则会引发 ValueError 异常。

6.4　动手练一练

编程题

（1）从控制台输入年、月、日,并将其转换为合法的 date 对象。

（2）从控制台输入一个字符串,尝试转换为日期对象。

第 7 章

异 常 处 理

    计算机程序在运行过程中难免会出现异常情况,为增强程序的健壮性,在编写计算机程序时,需要考虑如何处理这些异常情况,Python 语言提供了异常处理功能,本章介绍 Python 异常处理机制。

7.1 异常

    读者还记得 6.1.1 节示例吧？创建日期和时间对象时,指定的日期和时间应该在合理取值范围内,如果超出则会引发 ValueError 异常。示例代码如下:

```
# coding = utf - 8
# 7.1 异常

import datetime

dt1 = datetime.datetime(2023, 8, 31)
```

```
dt2 = datetime.datetime(2023, 2, 30)          # 发生异常,day(日期)超过取值范围
print(dt1)
```

上述代码运行结果如下：

```
Traceback (most recent call last):
    File "C:\...chapter7\7.1.1.py", line 7, in <module>
        dt2 = datetime.datetime(2023, 2, 30)          # 发生异常,day 超过取值范围
ValueError: day is out of range for month
```

由于在创建 dt2 对象时,提供的日期 30 超过了合理数字(因为 2 月份没有 30 日),因此会导致程序出现异常。

7.1.1　异常类继承层次

微课视频

Python 中异常根类是 BaseException,异常类继承层次如下：

```
BaseException
+-- SystemExit
+-- KeyboardInterrupt
+-- GeneratorExit
+-- Exception
     +-- StopIteration
     +-- StopAsyncIteration
     +-- ArithmeticError
     |    +-- FloatingPointError
     |    +-- OverflowError
     |    +-- ZeroDivisionError
     +-- AssertionError
     +-- AttributeError
     +-- BufferError
     +-- EOFError
     +-- ImportError
     |    +-- ModuleNotFoundError
     +-- LookupError
     |    +-- IndexError
     |    +-- KeyError
     +-- MemoryError
     +-- NameError
     |    +-- UnboundLocalError
     +-- OSError
     |    +-- BlockingIOError
     |    +-- ChildProcessError
     |    +-- ConnectionError
     |    |    +-- BrokenPipeError
     |    |    +-- ConnectionAbortedError
     |    |    +-- ConnectionRefusedError
     |    |    +-- ConnectionResetError
     |    +-- FileExistsError
     |    +-- FileNotFoundError
     |    +-- InterruptedError
```

```
        |   +-- IsADirectoryError
        |   +-- NotADirectoryError
        |   +-- PermissionError
        |   +-- ProcessLookupError
        |   +-- TimeoutError
    +-- ReferenceError
    +-- RuntimeError
        |   +-- NotImplementedError
        |   +-- RecursionError
    +-- SyntaxError
        |   +-- IndentationError
        |       +-- TabError
    +-- SystemError
    +-- TypeError
    +-- ValueError
        |   +-- UnicodeError
        |       +-- UnicodeDecodeError
        |       +-- UnicodeEncodeError
        |       +   UnicodeTranslateError
    +-- Warning
        +-- DeprecationWarning
        +-- PendingDeprecationWarning
        +-- RuntimeWarning
        +-- SyntaxWarning
        +-- UserWarning
        +-- FutureWarning
        +-- ImportWarning
        +-- UnicodeWarning
        +-- BytesWarning
        +-- ResourceWarning
```

从异常类的继承层次可见,BaseException 的子类很多,其中 Exception 是非系统退出
的异常,它包含了很多常用异常。如果自定义异常需要继承 Exception 及其子类,不要直接
继承 BaseException。另外,还有一类异常是 Warning,Warning 是警告,提示程序潜在的
问题。

7.1.2 几个重要的异常

微课视频

作为 Python 开发人员,必须要熟悉几个重要的异常,这有助于调试程序,找出程序哪
里有问题。

1. NameError 异常

NameError 是试图使用一个不存在的变量而引发的异常,示例代码如下:

```
# coding = utf - 8
# 7.1.2 几个重要的异常
# 1.NameError 异常


def func1():                        # 声明函数 func1
```

```
    value1 = 6500                    # 声明 value1 变量           ①

print(value1)                        # 访问 value1 变量           ②
```

上述代码运行结果如下：

```
Traceback (most recent call last):
    File "C:\...\chapter7\7.1.2 - 1.py", line 9, in < module >
        print(value)
NameError: name 'value' is not defined. Did you mean: 'False'?
```

上述代码第①行的 value1 变量是在 func1()函数中声明的,它的作用域是整个函数,当函数结束后,该变量就失效了,所以试图在代码第②行,即函数外访问 value1 变量,则会引发 NameError 异常。

2. ValueError 异常

ValueError 异常是由于传入无效的参数值而引发的异常。ValueError 异常在第 6 章已经遇到了,这里不再赘述。

3. IndexError 异常

IndexError 异常是访问序列元素时,下标索引超出取值范围所引发的异常。IndexError 异常在 3.3.1 节已经遇到了,这里不再赘述。

4. KeyError 异常

KeyError 异常是试图访问字典中不存在的键时而引发的异常,示例代码如下：

```
# coding = utf - 8
# 7.1.2 几个重要的异常
# 4. KeyError 异常

dict1 = {1: '刘备', 2: '关羽', 3: '张飞'}        # 声明一个字典对象 dict1
print(dict1[6])                                  # 访问字典 dict1           ①
```

上述代码运行结果如下：

```
Traceback (most recent call last):
    File "C:\...\chapter7\7.1.2 - 4.py", line 6, in < module >
        print(my_dict1[6])
KeyError: 6
```

上述代码第①行试图通过键访问对应的值,由于"6"这个键没有对应的值,所以会引发 KeyError 异常。

5. AttributeError 异常

试图访问一个对象中不存在的成员(包括成员变量、属性和成员方法)而引发 AttributeError 异常,AttributeError 异常是常见的异常,示例代码如下：

```
# coding = utf - 8
# 7.1.2 几个重要的异常
# 5. AttributeError 异常
```

```
list1 = (10, 20)               # 声明一个 list1 变量
list1.append(6)                # 试图通过调用 list1 对象的 append()方法添加元素
print("list1", list1)
```

上述代码运行结果如下：

```
Traceback (most recent call last):
    File "C:\...\chapter7\7.1.2 - 5.py", line 6, in < module >
        list1.append(6) # 试图通过调用 list1 对象的 append()方法添加元素
AttributeError: 'tuple' object has no attribute 'append'
```

6. TypeError 异常

TypeError 是试图传入的变量类型与要求不符时而引发的异常，TypeError 异常也是常见的异常，示例代码如下：

```
# coding = utf - 8
# 7.1.2 几个重要的异常
# 6. TypeError 异常

a = '20'                # 声明变量 a                    ①
b = 5                   # 声明变量 b
result = a / b          # 实现两个 a 和 b 的除法运算       ②

print(result)
```

上述代码运行结果如下：

```
Traceback (most recent call last):
    File "C:\...\chapter7\7.1.2 - 6.py", line 7, in < module >
        result = a / b # 实现两个 a 和 b 的除法运算
TypeError: unsupported operand type(s) for /: 'str' and 'int'
```

上述代码第②行实现两个变量 a 和 b 的除法运算，但是由于错误地将字符串'20'赋值给变量 a，见代码第①行，结果引发了异常。

7.2　处理异常

程序在运行过程中出现异常也是在所难免的，但要有一种机制能够保证出现异常后进行处理。

7.2.1　捕获异常

为了处理异常，首先需要捕获到这些异常。捕获异常是通过 try-except 语句实现的，最基本的 try-except 语句格式如下：

微课视频

```
try :
    <可能会抛出异常的语句>
except [异常类型]:
    <处理异常>
```

try 语句所管理的代码块中,包含有可能引发异常的语句。

每个 try 代码块可以伴随一个或多个 except 代码块,用于处理 try 代码块中所有可能抛出的多种异常。except 语句中如果省略"异常类型",即不指定具体异常,则会捕获所有类型的异常;如果指定具体类型异常,则会捕获该类型异常,以及它的子类型异常。

示例代码如下:

```
# coding = utf - 8
# 7.2.1 捕获异常

import datetime

dt1 = None                                    # 声明变量 dt1
try:
    dt1 = datetime.datetime(2023, 2, 30)      # 创建对象 dt1 时发生异常  ①
except ValueError:                                                    ②
    print('处理 ValueError 异常')
    dt1 = datetime.datetime(2023, 2, 28)      # 重新创建对象 dt1        ③

print(dt1)
```

上述代码运行结果如下:

```
处理 ValueError 异常
2023 - 02 - 28 00:00:00
```

微课视频

7.2.2　捕获多个异常

一个 try 语句可以伴随一个或多个 except 代码块,多个 except 代码块语法如下:

```
try :
    <可能会抛出异常的语句>
except [异常类型 1]:
    <处理异常>
except [异常类型 2]:
    <处理异常>
    ⋮
except [异常类型 n]:
    <处理异常>
```

在多个 except 代码块情况下,当一个 except 代码块捕获到一个异常时,其他的 except 代码块就不再进行匹配。

示例代码如下:

```
# coding = utf - 8
# 7.2.2 捕获多个异常

def divide(m, n):
    result = None
    try:
```

```
        m1 = int(m)                          # 将字符串转换为整数
        n1 = int(n)                          # 将字符串转换为整数

        result = m1 // n1                    # 地板除法,返回商的最大整数
    except ZeroDivisionError as e1:          # 捕获 ZeroDivisionError 异常        ①
        print('您输入的分母为 0!', e1)
    except (TypeError, ValueError) as e2:    # 捕获 TypeError 或 ValueError 异常  ②
        print('您输入的不是一个合法的整数!', e2)

    return result


a = input("请输入分子: ")                      # 从控制台读取字符串
b = input("请输入分母: ")                      # 从控制台读取字符串
print(divide(a, b))                          # 调用 divide()函数,并打印返回结果
```

运行上述示例代码,如果输入合法数据,运行结果如下:

```
请输入分子: 15
请输入分母: 5
3
```

运行上述示例代码,如果输入非法数据,运行结果如下:

```
请输入分子: ABC
请输入分母: 0
您输入的不是一个合法的整数! invalid literal for int() with base 10: 'ABC'
None
```

上述代码第①行和第②行关键字 as 之后是捕获的异常对象。

7.3　释放资源

微课视频

有时 try-except 语句会占用一些资源,如打开文件、网络连接、打开数据库连接和使用数据结果集等,这些资源不能通过 Python 的垃圾收集器回收,需要程序员释放。为了确保这些资源能够被释放,可以使用 finally 代码块或 with as 自动资源管理。

7.3.1　finally 代码块

try-except 语句后面还可以跟有一个 finally 代码块,try-except-finally 语句语法格式如下:

```
try :
    <可能会抛出异常的语句>
except [异常类型 1] :
    <处理异常>
except [异常类型 2] :
    <处理异常>
```

```
    ⋮
except [异常类型 n] :
     <处理异常>
finally :
     <释放资源>
```

无论 try 正常结束还是 except 异常结束都会运行 finally 代码块，如图 7-1 所示。

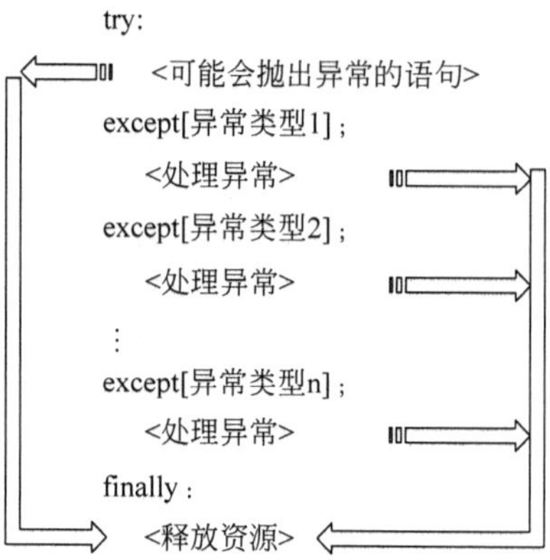

示例代码如下：

```
# coding = utf - 8
# 7.3.1 finally 代码块

def divide(m, n):
    result = None
    try:
        m1 = int(m)                          # 将字符串转换为整数
        n1 = int(n)                          # 将字符串转换为整数

        result = m1 // n1                    # 地板除法，返回商的最大整数
    except ZeroDivisionError as e1:          # 捕获 ZeroDivisionError 异常
        print('您输入的分母为 0!', e1)
    except (TypeError, ValueError) as e2:    # 捕获 TypeError 或 ValueError 异常
        print('您输入的不是一个合法的整数!', e2)
    finally:                                 # finally 代码块                ①
        print('Game Over!')

    return result

a = input("请输入分子：")                      # 从控制台读取字符串
b = input("请输入分母：")                      # 从控制台读取字符串
print(divide(a, b))                          # 调用 divide()函数，并打印返回结果
```

图 7-1 所示流程图：

```
try:
   <可能会抛出异常的语句>
   except[异常类型1]；
        <处理异常>
   except[异常类型2]；
        <处理异常>
      ⋮
   except[异常类型n]；
        <处理异常>
   finally :
        <释放资源>
```

图 7-1 try-except 语句执行过程

运行上述示例代码，如果输入合法数据，运行结果如下：

```
请输入分子：15
请输入分母：5
Game Over!
3
```

运行上述示例代码，如果输入非法数据，运行结果如下：

```
请输入分子：ABC
请输入分母：0
您输入的不是一个合法的整数! invalid literal for int() with base 10: 'ABC'
Game Over!
None
```

从运行结果可见，无论是正常结束，还是异常结束都会运行 finally 代码块。

7.3.2　with as 代码块

7.3.1 节示例的程序虽然"健壮",但程序流程比较复杂,这样的程序代码难以维护。为此 Python 提供了一个 with as 代码块帮助自动释放资源,它可以替代 finally 代码块,优化代码结构,提高程序可读性。with as 提供了一个代码块,在 as 后面声明一个资源变量,当 with as 代码块结束之后自动释放资源。

示例代码如下:

```
fname1 = 'my_file.txt'
txt = None
file_obj = None

with open(fname1, 'r') as file_obj:              # 使用 with as 代码块        ①
    txt = file_obj.read()

print("读取文件完成。")
print(f'文件内容:【{txt}】')
```

上述代码是 8.1.2 节将要介绍的示例,其中代码第①行是使用 with as 代码块,with 语句后面的 open(fname)语句可以创建资源对象,然后赋值给 as 后面的 file_obj 变量。在 with as 代码块中包含了资源对象相关代码,完成后自动释放资源。采用了自动资源管理后不再需要 finally 代码块,不需要自己释放这些资源。

7.4　显式抛出异常

微课视频

本节之前读者接触到的异常都是由系统生成的,当异常抛出时,系统会创建一个异常对象,并将其抛出。但也可以通过 raise 语句显式抛出异常,语法格式如下:

`raise BaseException 或其子类的实例`

显式抛出异常的目的有很多,例如不想某些异常传给上层调用者,可以捕获之后重新显式抛出另外一种异常给调用者。

示例代码如下:

```
# coding = utf - 8
# 7.4 显式抛出异常

def divide(m, n):
    result = None
    try:
        m1 = int(m)                          # 将字符串转换为整数
        n1 = int(n)                          # 将字符串转换为整数

        result = m1 // n1
    except ZeroDivisionError:                # 捕获 ZeroDivisionError 异常
```

```
        raise Exception("您输入的分母为 0!")          # 转换为 Exception 异常抛出
    except (TypeError, ValueError) as e2:              # 捕获 TypeError 或 ValueError 异常
        raise Exception("您输入的不是一个合法的整数!")   # 转换为 Exception 异常抛出
    finally:
        print('Game Over!')


    return result


a = input("请输入分子: ")                    # 从控制台读取字符串
b = input("请输入分母: ")                    # 从控制台读取字符串
print(divide(a, b))                          # 调用 divide()函数,并打印返回结果
```

7.5 动手练一练

1. 简述题
列举一些常见的异常。

2. 选择题
下列哪些选项是捕获异常的关键字？（   ）

A．throw   B．raise   C．try   D．except

3. 判断题
（1）每个 try 代码块可以伴随一个或多个 except 代码块,用于处理 try 代码块中所有可能抛出的多种异常。（   ）

（2）实现自定义异常类需要继承 Exception 类或其子类。（   ）

第8章

访问文件和目录

在实际工作中通过 Python 程序访问文件和目录是经常用到的操作,本章介绍如何在 Python 语言中访问文件和目录。

8.1 访问文件

访问文件的主要操作是指读写文件内容,在操作文件时,首先要打开文件,然后在操作完成之后,还要关闭文件,这是良好的编程习惯。

8.1.1 打开文件

打开文件可通过 open()函数实现,它是 Python 的内置函数,返回文件对象(file object)。文件对象是文件的抽象,屏蔽了访问文件的细节,使得访问文件变得简单。open()函数有很多参数,其中主要的参数如下:

(1) file:是要打开的文件,可以是字符串或整数。如果 file 是字符串表示文件名,文件

微课视频

名可以是相对当前目录的路径，也可以是绝对路径；如果 file 是整数表示文件描述符，文件描述符指向一个已经打开的文件。

（2）encoding：用来指定打开文件时的文件编码，主要用于打开文本文件。

（3）errors：用来指定编码发生错误时如何处理。

（4）mode：用来设置打开文件模式。打开文件模式由字符串设置，打开文件字符串由表 8-1 所示的字符构成。

表 8-1　设置打开文件模式

字　符	说　明
r	只读模式打开（默认）文件
w	写入模式打开文件，会覆盖已经存在的文件
x	独占创建模式，如果文件不存在，则创建文件并以写入模式打开，如果文件已存在，则抛出异常 FileExistsError
a	追加模式，如果文件存在，写入内容追加到文件末尾
b	二进制模式
t	文本模式（默认）
＋	更新模式

在 open()函数的所有参数中 mode 是最重要也最麻烦的。表 8-1 中的字符可以进行组合，归纳总结如下：

（1）b：表示打开二进制文件，例如：rb、wb、xb、ab 等。

（2）t：表示打开文本文件，例如：rt、wt、xt、at，由于 t 是默认模式，所以可以省略为 r、w、x、a。

（3）＋：必须与 r、w、x 或 a 组合使用，对于文本文件，设置文件为读写模式可以使用 r＋、w＋、x＋或 a＋；对于二进制文件可以使用 rb＋、wb＋、xb＋或 ab＋。

（4）r＋：打开文件时，如果文件不存在，则抛出异常。

（5）w＋：打开文件时，如果文件不存在，则创建文件；如果文件存在，则清除文件内容。

（6）a＋：类似于 w＋，打开文件时，如果文件不存在，则创建文件；如果文件存在，则在文件末尾追加。

示例代码如下：

```
# coding = utf - 8
# 8.1.1 打开文件

fname1 = 'my_file.txt'
f = open(fname1, 'w + ', encoding = 'gbk', errors = 'ignore')       # w + 模式打开文件    ①
f.write('你好 World')                                              # 写入文件          ②
f.close()                                                         # 关闭文件          ③
print("写入文件完成。")

fname2 = r'C:/Users/.../新手易学 Python 编程/code/chapter8/my_file.txt'                    ④
f2 = open(fname2, 'r')                                            # r 模式打开文件
```

```
txt = f2.read()    # 读取文件内容到一个 txt 变量                              ⑤
f2.close()                                          # 关闭文件
print("读取文件完成。")
print(f'文件内容:【{txt}】')
```

上述代码运行结果如下:

```
写入文件完成。
读取文件完成。
文件内容:【你好 World】
```

上述代码第①行通过 w+ 模式打开文件,其中打开文件编码是 gbk,errors = 'ignore',表示在读写文件过程中,如果发生错误,则忽略,保证程序继续执行。

代码第②行通过文件对象的 write() 方法写入字符串到文件中。

代码第③行通过文件对象的 close() 方法关闭文件,文件打开后,如果不再使用则应该关闭,这样可以释放文件对象所占用的资源。

代码第④行采用原始字符串表示文件路径,原始字符串中特殊字符不需要转义。

代码第⑤行通过文件对象的 read() 方法读取文件内容,由于是义本义件,读取的内容到 txt 变量,txt 则是文件内容,即文件中包含的字符串。

8.1.2 关闭文件

微课视频

当使用 open() 函数打开文件后,若不再使用文件应该调用文件对象的 close() 方法关闭文件。文件的操作往往会抛出异常,为了保证文件操作无论正常结束还是异常结束都能够关闭文件,调用 close() 方法应该放在异常处理的 finally 代码块中。

读取 my_file.txt 文件示例代码如下:

```
# coding = utf - 8
# 8.1.2 - 1 关闭文件


fname1 = 'my_file.txt'
# 通过原始字符串表示文件路径


txt = None                 # txt 变量用来保存从文件中读取的字符串
file_obj = None            # file_obj 变量文件对象
try:
    file_obj = open(fname1)     # 打开文件
    txt = file_obj.read()       # 读取文件
except OSError as e:
    print('处理 OSError 异常')
finally:
    # 在 finally 代码块中关闭文件
    file_obj.close()
print("读取文件完成。")
print(f'文件内容:【{txt}】')
```

上述代码运行结果如下:

读取文件完成。
文件内容：【你好 World】

该示例是在 finally 代码块中调用文件对象的 close()方法关闭文件，这样比较烦琐，笔者更推荐使用 with as 代码块进行自动资源管理。使用 with as 代码块重新实现读取 my_file.txt 文件，示例代码如下：

```python
# coding = utf - 8
# 8.1.2 - 2 关闭文件

fname1 = 'my_file.txt'
txt = None
file_obj = None

with open(fname1, 'r') as file_obj:          # 使用 with as 代码块
    txt = file_obj.read()

print("读取文件完成。")
print(f'文件内容：【{txt}】')
```

8.1.3 文本文件读写

微课视频

文本文件读写的单位是字符，而且字符是有编码的。文本文件读写主要方法有如下几种。

（1）read(size=-1)：从文件中读取字符串，size 限制最多读取的字符数，size=-1 时，没有限制，读取全部内容。

（2）readline(size=-1)：读取到换行符或文件尾并返回单行字符串，如果已经到文件尾，则返回一个空字符串，size 是限制读取的字符数，size=-1 时，没有限制。

（3）readlines()：读取文件数据到一个字符串列表中，每一个行数据是列表的一个元素。

（4）write(s)：将字符串 s 写入文件，并返回写入的字符数。

（5）writelines(lines)：向文件中写入一个列表，不添加行分隔符，因此通常为每一行末尾提供行分隔符。

（6）flush()：刷新写缓冲区，数据会写入文件中。

下面通过文件复制示例熟悉文本文件的读写操作，代码如下：

```python
# coding = utf - 8
# 8.1.3 文本文件读写

f_name = 'my_file.txt'

with open(f_name, 'r', encoding = 'gbk') as f:              ①
    lines = f.readlines()                                   ②
    print(lines)
    copy_f_name = 'copy.txt'
    with open(copy_f_name, 'w', encoding = 'gbk') as copy_f:  ③
```

```
copy_f.writelines(lines)                                    ④
print('文件复制成功')
```

上述代码实现了将 my_file.txt 文件内容复制到 copy.txt 文件中。

代码第①行是打开 my_file.txt 文件,由于 my_file.txt 文件采用 gbk 编码,因此打开时需要指定 gbk 编码。

代码第②行通过 readlines()方法读取所有数据到一列中,这里选择哪一个读取方法要与代码第④行的写入方法对应,本例中是 writelines()方法。

代码第③行打开要复制的文件,采用的打开模式是 w,如果文件不存在,则创建文件,如果文件存在,则覆盖文件,另外注意编码集也要与 my_file.txt 文件保持一致。

8.1.4 二进制文件读写

微课视频

二进制文件读写的单位是字节,不需要考虑编码的问题。二进制文件读写的主要方法如下。

(1) read(size=-1):从文件中读取字节,size 限制最多读取的字节数,如果 size=-1,则读取全部字节。

(2) readline(size=-1):从文件中读取并返回一行,size 限制读取的字节数,size=-1时,没有限制。

(3) readlines():读取文件数据到一个字节列表中,每一个行数据是列表的一个元素。

(4) write(b):写入 b 字节,并返回写入的字节数。

(5) writelines(lines):向文件中写入一个字节列表,不添加行分隔符,因此通常为每一行末尾提供行分隔符。

(6) flush():刷新写缓冲区,数据会写入文件中。

下面通过文件复制示例熟悉二进制文件的读写操作,代码如下:

```
# coding = utf - 8
# 8.1.4 二进制文件读写

f_name = 'coco2dxcplus.jpg'

with open(f_name, 'rb') as f:                               ①
    b = f.read()                                            ②
    print(type(b))
    copy_f_name = 'copy.jpg'
    with open(copy_f_name, 'wb') as copy_f:                 ③
        copy_f.write(b)                                     ④
        print('文件复制成功')
```

上述代码实现了将 coco2dxcplus.jpg 文件内容复制到当前目录的 copy.jpg 文件中。

代码第①行打开 coco2dxcplus.jpg 文件,打开模式是 rb。

代码第②行通过 read()方法读取所有数据,返回字节对象 b。

代码第③行打开要复制的文件,打开模式是 wb,如果文件不存在,则创建文件,如果文件存在，则覆盖文件。

代码第④行采用 write() 方法将字节对象 b 写入文件中。

8.2　管理文件和目录

文件的操作离不开文件和目录的管理，本节对此进行介绍。

微课视频

8.2.1　os 模块

Python 官方提到的 os 模块可以实现文件和目录管理，如删除文件、修改文件名、创建目录、删除目录和遍历目录等。

os 模块中与文件和目录管理相关的函数如下。

（1）os.rename(src,dst)：修改文件名，src 是源文件，dst 是目标文件，它们都可以是相对当前路径或绝对路径表示的文件。

（2）os.remove(path)：删除 path 所指的文件，如果 path 是目录，则会引发 OSError 异常。

（3）os.mkdir(path)：创建 path 所指的目录，如果目录已存在，则会引发 FileExistsError 异常。

（4）os.rmdir(path)：删除 path 所指的目录，如果目录非空，则会引发 OSError 异常。

（5）os.walk(top)：遍历 top 所指的目录树，自顶向下遍历目录树，返回值是一个有三个元素的元组（目录路径、目录名列表、文件名列表）。

（6）os.listdir(dir)：列出指定目录中的文件和子目录。

（7）os.getcwd()：返回当前脚本文件所在的目录。

示例代码如下：

```
# coding = utf - 8
# 8.2.1 os 模块
import os                          # 引入 os 模块

fname = 'coco2dxcplus.jpg'
copy_fname = 'coco2dxcplus2.jpg'

# 复制文件'coco2dxcplus.jpg 为 coco2dxcplus2.jpg'
with open(fname, 'rb') as f:
    b = f.read()
    with open(copy_fname, 'wb') as copy_f:
        copy_f.write(b)

try:
    # 重新命名文件'coco2dxcplus.jpg 为 copy2.jpg'
    os.rename(copy_fname, 'copy2.jpg')
except OSError:
```

```
    os.remove('copy2.jpg')              # 删除 copy2.jpg 文件

try:
    os.mkdir('subdir')                  # 创建目录 subdir
except OSError:
    os.rmdir('subdir')                  # 删除目录 subdir
print("遍历当前目录:")
for (root, dirs, files) in os.walk('.'):  # 遍历当前文件夹              ①
    print("目录路径:", root)
    print("目录名列表:", dirs)
    print("文件名列表:", files)

print(os.listdir(os.curdir))            # 打印当前目录下的文件和子目录    ②
print(os.listdir(os.pardir))            # 打印父目录下的文件和子目录      ③
print(os.getcwd())                      # 返回当前脚本文件所在目录
```

上述代码运行结果如下：

```
遍历当前目录:
目录路径: .
目录名列表: ['subdir']
文件名列表: ['8.1.1.py', '8.1.2.py', '8.2.1.py', '8.2.2.py', 'coco2dxcplus.jpg', 'copy2.jpg',
'my_file.txt']
目录路径: .\subdir
目录名列表: []
文件名列表: []
['8.1.1.py', '8.1.2.py', '8.2.1.py', '8.2.2.py', 'coco2dxcplus.jpg', 'copy2.jpg', 'my_file.txt',
'subdir']
['.idea', 'chapter1', 'chapter2', 'chapter3', 'chapter4', 'chapter5', 'chapter6', 'chapter7',
'chapter8']
C:\Users\tony\Desktop\新手易学\新手易学 Python 编程\code\chapter8
```

上述示例代码第①行 os.walk('.') 返回一个三元组，代码第②行中表达式 os.curdir 获得当前目录对象，代码第③行中表达式 os.pardir 获得父目录对象。

8.2.2　os.path 模块

对于文件和目录的操作往往需要路径，Python 提供的 os.path 模块提供对路径、目录和文件等进行管理的函数，本节介绍如下一些 os.path 模块的常用函数：

（1）os.path.abspath(path)：返回 path 的绝对路径。

（2）os.path.dirname(path)：返回 path 路径中的目录部分。

（3）os.path.exists(path)：判断 path 文件是否存在。

（4）os.path.isfile(path)：如果 path 是文件，则返回 True。

（5）os.path.isdir(path)：如果 path 是目录，则返回 True。

（6）os.path.join(path, * paths)：用于将目录和文件拼接成完整的文件路径，可以传入多个路径，参数 * paths 表示多个文件路径。

示例代码如下：

```
# coding = utf - 8
# 8.2.2 os.path 模块

import os                                        # 引入 os 模块

curr_path = (os.getcwd())                        # 当前文件目录
for _, _, files in os.walk(curr_path):           # 遍历当前文件目录        ①
    for name in files:                           # 遍历当前所有文件
        print(os.path.join(curr_path, name))     # 连接文件和目录
```

上述代码运行结果如下：

```
C:\Users\tony\Desktop\新手易学\新手易学 Python 编程\code\chapter8\8.1.1.py
C:\Users\tony\Desktop\新手易学\新手易学 Python 编程\code\chapter8\8.1.2.py
C:\Users\tony\Desktop\新手易学\新手易学 Python 编程\code\chapter8\8.2.1.py
C:\Users\tony\Desktop\新手易学\新手易学 Python 编程\code\chapter8\8.2.2.py
C:\Users\tony\Desktop\新手易学\新手易学 Python 编程\code\chapter8\coco2dxcplus.jpg
C:\Users\tony\Desktop\新手易学\新手易学 Python 编程\code\chapter8\copy2.jpg
C:\Users\tony\Desktop\新手易学\新手易学 Python 编程\code\chapter8\my_file.txt
```

上述代码第①行 os.walk() 函数返回一个三元组，由于只关心第三个元素（即文件名列表），而三元组的其他两个元素并不关心，用下画线（_）占位。

8.3 动手练一练

编程题

（1）编写程序获得当前日期，并将日期按照特定格式写入一个文本文件中。

（2）从文本文件中读取刚写入的日期字符串，并将字符串解析为日期时间对象。

（3）将 2.11 节编程题中编写的 BMI 计算器进行改造升级。将每次计算的 BMI 指数记录到一个 CSV 文件中。要求记录 BMI 指数，以及当前的时间。输出文件内容如下，其中日期和 BIM 指数用逗号分隔。

```
2021 - 3 - 17,28.0
2021 - 3 - 17,28.9
2021 - 3 - 17,27.9
2021 - 3 - 17,27.9
2021 - 3 - 17,28.1
```

📎**提示**　CSV（Comma Separated Values）是用逗号分隔数据项（也称为字段）的数据交换格式，CSV 主要应用于电子表格和数据库之间的数据交换。CSV 文件是基于这种格式的文本文件，Python 官方提供了 csv 模块用于读写 CSV 文件，读者也可以选择不使用 csv 模块，而是使用逗号分隔数据项，但每行结尾要有一个换行符。

第 9 章

GUI 编程

GUI(Graphical User Interface，图形用户界面)编程对于某种计算机语言来说非常重要。可开发 Python 图形用户界面的工具包有多种，本章介绍 Tkinter 图形用户界面工具包。

9.1 GUI 开发工具包概述

虽然支持 Python 图形用户界面开发的工具包有很多，这些工具包各有自己的优缺点，但到目前为止还没有一个公认的标准工具包。较为突出的工具包有 Tkinter、PyQt 和 wxPython。

1. Tkinter

Tkinter 是 Python 官方提供的图形用户界面开发工具包，是对 Tk GUI 工具包封装而来的。Tkinter 是跨平台的，可以在大多数 UNIX、Linux、Windows 和 macOS 平台中运行，Tkinter 8.0 之后可以实现本地窗口风格，如图 9-1 所示。在笔者看来使用 Tkinter 的最大优势是不需要额外安装软件包，界面简单，适合 Python 初学者学习 Python GUI 开发。

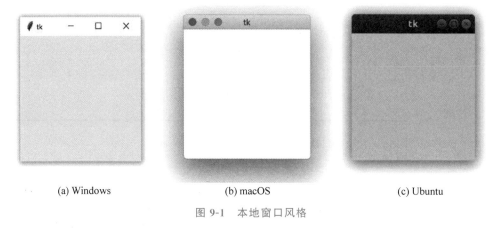

(a) Windows   (b) macOS   (c) Ubuntu

图 9-1 本地窗口风格

2. PyQt

PyQt 是非 Python 官方提供的图形用户界面开发工具包,是对 Qt 工具包封装而来的,PyQt 也是跨平台的。使用 PyQt 工具包需要额外安装软件包。

3. wxPython

wxPython 是非 Python 官方提供的图形用户界面开发工具包,是对 wxWidgets 工具包封装而来的,wxPython 也是跨平台的,拥有本地窗口风格。使用 wxPython 工具包需要额外安装软件包。

本章主要介绍 Tkinter。

微课视频

9.2 编写第一个 Tkinter 程序

Tkinter 程序的结构非常简单,适合编写一些 GUI 小程序。下面编写程序实现如图 9-2 所示的窗口界面。界面很简单有一个按钮和一个标签共两个控件。

图 9-2 窗口界面

实现代码如下:

```
# coding = utf - 8
# 9.2 编写第一个 Tkinter 程序
```

```
import tkinter as tk                          # 导入 tkinter 模块

window = tk.Tk()                              # 创建窗口对象                    ①
window.geometry('320x200 + 300 + 10')        # 设定窗口的大小和位置            ②
window.title('我的第一个 Tkinter 程序!')      # 设定窗口的标题
label = tk.Label(window, text = 'Hello, Tkinter')  # 创建标签对象              ③
label.pack()                                 # 设置标签布局                    ④
button = tk.Button(window, text = 'OK')      # 创建按钮对象
button.pack(side = tk.BOTTOM)                # 设置按钮布局                    ⑤
window.mainloop()                            # 将窗口对象加入主事件循环         ⑥
```

上述代码第①行是创建窗口对象,它是通过 Tk 类创建的,也是 tkinter 顶级控件。所谓顶级控件是指包含其他控件的根容器控件,通常就是应用的主窗口。

代码第②行是通过窗口对象 window 的 geometry 函数设置窗口的大小,宽为 320,高为 200,位置是 x 轴坐标 300,y 轴坐标是 10(坐标原点在屏幕的左上角),注意其中参数 '320x200+300+10'中的"x"是小写英文字母。

代码第③行创建 tkinter 的 Label 标签对象。Label 构造方法中 window 参数是指定控件所在的父容器,text 参数是设置标签显示的文本。

代码第④行 label.pack()设置标签布局管理方式,pack 布局是简单的首选布局,将控件水平或垂直方式摆放。

代码第⑤行 button 将控件摆放到窗口的底部。side 属性是设置控件在父容器沿边的位置,它的取值有四个,分别是:LEFT(沿左边)、TOP(沿顶边)、RIGHT(沿右边)和 BOTTOM(沿底边),side 属性默认值是 TOP。

代码第⑥行将窗口对象加入主事件循环,大部分的图形用户界面程序中响应用户事件处理都是通过主事件循环实现的。

9.3 事件处理

事实上 9.2 节的示例,并没有完全实现,当用户单击 OK 按钮时,按钮还没有添加事件处理,修改 9.2 节的示例,当用户单击 OK 按钮时修改标签文本,如图 9-3 所示。

微课视频

图 9-3 添加事件处理

添加事件处理代码如下：

```
# coding = utf - 8
# 9.3 事件处理
import tkinter as tk                                    # 导入 tkinter 模块

def button_clicked():                                   # 事件处理函数          ①
    label.config(text = '世界,您好!')                    # 设置标签文本          ②

window = tk.Tk()                                        # 创建窗口对象
window.geometry('320x200')                              # 设定窗口的大小(宽 x 高)
window.title('我的第一个 Tkinter 程序!')                 # 设定窗口的标题
label = tk.Label(window, text = 'Hello, Tkinter')       # 创建标签对象
label.pack()                                            # 设置标签布局
button = tk.Button(window, text = 'OK', command = button_clicked)   # 创建按钮对象   ③
button.pack(side = tk.BOTTOM)                           # 设置按钮布局
window.mainloop()
```

上述代码第①行声明一个事件处理函数,当用户单击 OK 按钮时调用的函数。

代码第②行通过标签控件 label 的 config()函数修改标签控件显示的文本信息。

代码第③行创建按钮对象,其构造函数的 command 参数是指定按钮单击事件触发时调用的函数。

9.4　布局管理

图形用户界面的窗口中可能会有很多子窗口或控件,而布局即控件的排列顺序、大小和位置等。Tkinter 提供如下三种布局。

（1）pack：Tkinter 首选布局,按照顺序逐个摆放控件。

（2）grid：网格布局,提供了行和列摆放控件。

（3）place：最复杂的布局,它使用绝对定位方式,在开发时尽量少使用,本书不介绍 place 布局。

9.4.1　pack 布局

微课视频

9.2 节介绍的示例中虽然用到了 pack 布局,但是只用到了 pack 布局的 side 属性,pack 布局其他主要属性如下：

（1）fill 属性：设置控件在父容器中填充方向。取值为 X(沿 X 轴方向填充)、Y(沿 Y 轴方向填充)、BOTH(沿两个方向填充)和 NONE,fill 属性默认值是 NONE。

（2）expand 属性：可以设置 fill 属性是否生效。如果想让 fill 属性生效,则需要将 expand 属性设置为 True 或 1;如果想让 fill 属性失效,则需要将 expand 属性设置为 False 或 0。expand 属性默认是 0。

pack 布局示例代码如下：

```
# coding = utf - 8
# 9.4.1 pack 布局

import tkinter as tk                        # 导入 tkinter 模块

window = tk.Tk()                            # 创建窗口对象
window.geometry('320x200')                 # 设定窗口的大小(宽 x 高)
window.title('pack 布局')                    # 设定窗口的标题

btn1 = tk.Button(window, text = 'btn1', bg = 'yellow')
btn2 = tk.Button(window, text = 'btn2', bg = 'green')
btn3 = tk.Button(window, text = 'btn3', bg = 'blue')

btn1.pack(side = 'left', fill = 'y')
btn2.pack(side = 'left', fill = 'both', expand = 1)
btn3.pack(side = 'left', fill = 'x')
window.mainloop()
```

上述代码运行结果如图 9-4 所示。

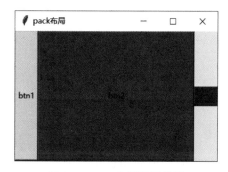

图 9-4　pack 布局运行结果

9.4.2　grid 布局

grid 布局通过 row 和 column 属性指定控件在单元格中的位置，通过 row 和 column 属性从 0 开始。

微课视频

grid 布局示例代码如下：

```
# coding = utf - 8
# 9.4.2 grid 布局

import tkinter as tk                        # 导入 tkinter 模块

# 声明颜色列表 colours
colours = ['red', 'green', 'orange', 'white', 'yellow', 'blue']

window = tk.Tk()                            # 创建窗口对象
window.geometry('320x200')                 # 设定窗口的大小(宽 x 高)
```

```
window.title('grid 布局')                      # 设定窗口的标题

row_no = 0                                    # 声明行号变量
for col_no in colours:                        # 遍历颜色列表 colours
        # 设置标签在 grid 布局中的位置
        tk.Label(text = col_no, width = 15).grid(row = row_no, column = 0)    ①
        # 设置文本输入框 Entry 在 grid 布局中的位置
        tk.Entry(bg = col_no, width = 10).grid(row = row_no, column = 1)      ②
        row_no += 1                           # 累加 row_no 变量

window.mainloop()
```

上述代码运行结果如图 9-5 所示。

上述代码第①行创建标签控件，并且设置控件到 grid 布局中的位置，控件是由 grid(row=row_no, column=0) 方法实现的，其中，参数 row 和 column 是设置 grid 布局中的行号和列号。

代码第②行创建文本输入框控件，并且设置控件到 grid 布局中的位置，其中 Entry 是文本输入框。

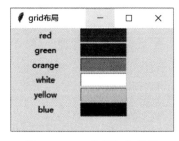

图 9-5　grid 布局运行结果

9.5　常用控件

Tkinter 提供了很多控件，本节介绍一些常用的控件：信息提示框、文本输入框、文本区、复选框、单选按钮、列表、下拉列表和文件选择器。

微课视频

9.5.1　信息提示框

信息提示框给用户提示信息或者询问用户接下来的操作，Tkinter 中的信息提示框类由 messagebox 提供了如下多个函数。

（1）showinfo()函数：弹出信息提示框，用于显示一些提示或确认信息，如登录或发送信息成功提示，如图 9-6(a) 所示。

（2）showerror()函数：弹出错误提示框，同时发出警告声音，如图 9-6(b) 所示。

（3）showwarning()函数：弹出警告提示框，如图 9-6(c) 所示。

（4）askyesno()函数：弹出具有"确定"和"取消"两个按钮的询问提示框，如图 9-6(d) 所示。如果用户单击"确定"按钮，则返回 True；如果用户单击"取消"按钮，则返回 False。

如图 9-7 所示窗口中摆放了 4 个按钮分别测试 messagebox 的 4 个函数。

示例实现代码如下：

```
# coding = utf - 8
# 9.5.1 信息提示框
import tkinter as tk
from tkinter import messagebox
```

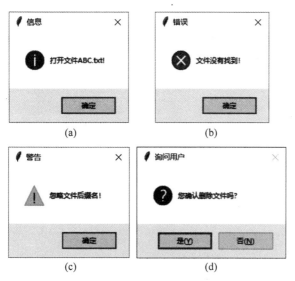

图 9-6　信息提示框

图 9-7　测试 messagebox 的 4 个函数

```python
window = tk.Tk()

window.title('信息提示框')
# 设定窗口的大小(宽 x 高)
window.geometry('320x120')


def onclick1():
    # 调用 showinfo 函数
    messagebox.showinfo('信息', '打开文件 ABC.txt!')


def onclick2():
    # 调用 showerror 函数
    messagebox.showerror('错误', '文件没有找到!')


def onclick3():
    # 调用 showwarning 函数
    messagebox.showwarning('警告', '忽略文件后缀名!')
```

```
def onclick4():
    # 调用 askyesno 函数
    ret = messagebox.askyesno('询问用户', '您确认删除文件吗?')
    print(ret)


# 创建按钮对象
button1 = tk.Button(window, text = '测试 showinfo 函数', command = onclick1)
button2 = tk.Button(window, text = '测试 showerror 函数', command = onclick2)
button3 = tk.Button(window, text = '测试 showwarning 函数', command = onclick3)
button4 = tk.Button(window, text = '测试 askyesno 函数', command = onclick4)

button1.pack(fill = tk.BOTH)
button2.pack(fill = tk.BOTH)
button3.pack(fill = tk.BOTH)
button4.pack(fill = tk.BOTH)

# 将窗口对象加入主事件循环
window.mainloop()
```

上述代码很简单不再赘述。

9.5.2　文本输入框和文本区

能够输入文本的控件主要有如下两个。

（1）文本输入框：只能输入单行文本的控件，Tkinter 的文本输入框类是 Entry。

（2）文本区：能输入多行文本的控件，Tkinter 的文本区类是 Text。

1. 文本输入框控件 Entry

微课视频

下面通过示例介绍文本输入框的使用。如图 9-8 所示的界面有 5 个控件，包括两个标签、两个文本输入框和一个按钮。当单击"登录"按钮时，会弹出一个信息提示框，显示一些提示信息，如图 9-9 所示。

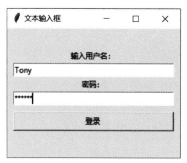

图 9-8　示例界面 1

图 9-9　示例信息提示框 1

示例代码如下：

```
# coding = utf - 8
```

```
# 9.5.2-1 文本输入框
import tkinter as tk

def login_clicked():                    # 事件处理函数
    msg = f'您输入的用户名：{username.get()} 密码：{password.get()}'
    print(msg)


window = tk.Tk()
window.geometry('280x200')
window.title('文本输入框')

username = tk.StringVar()               # 绑定用户名文本框数据的 StringVar 对象    ①
password = tk.StringVar()               # 绑定用户名密码框数据的 StringVar 对象    ②

frame = tk.Frame(window)                # 创建 Frame 对象                      ③

# 设置 Frame 布局
frame.pack(padx=10, pady=10, fill='x', expand=True)

username_label = tk.Label(frame, text="输入用户名:")
username_label.pack(fill='x', expand=True)
# 创建用户名输入框
username_entry = tk.Entry(frame, textvariable=username)                       ④
# 设置用户名输入框布局
username_entry.pack(fill='x', expand=True)
password_label = tk.Label(frame, text="密码:")
password_label.pack(fill='x', expand=True)
# 创建密码输入框
password_entry = tk.Entry(frame, textvariable=password, show="*")             ⑤
# 设置密码输入框布局
password_entry.pack(fill='x', expand=True)
# 创建登录按钮
login_button = tk.Button(frame, text="登录", command=login_clicked)
# 设置登录按钮布局
login_button.pack(fill='x', expand=True, pady=10)
window.mainloop()
```

上述代码第①行和第②行创建两个 StringVar 对象，它是由 Tkinter 提供的对象，用于和文本输入框的 textvariable 属性绑定，从而实现在文本框中输入内容时，自动更新 StringVar 的值，以及通过更改 StringVar 的值更新文本框的内容。具体方法是通过与控件绑定的 StringVar 对象的 get()方法间接获取控件的值；通过 set()方法间接设置 StringVar 对象的值，这样会使得绑定的控件会自动更新。

代码第③行创建 Frame 对象，Frame 是一个矩形区域的容器，用来容纳其他控件。

代码第④行创建用户名输入框，其中 textvariable 属性用于和 username 绑定。

代码第⑤行创建密码输入框，其中 show 属性用来显示密码框的字符。

微课视频

2. 文本区控件 Text

下面再通过示例介绍文本区控件的使用。如图 9-10 所示的界面有 3 个控件，包括一个标签、一个文本区和一个按钮。当在文本区中输入一些文本内容后，再单击"确定"按钮，会读取文本区内容，然后将这些文本信息显示在一个信息提示框中，如图 9-11 所示。

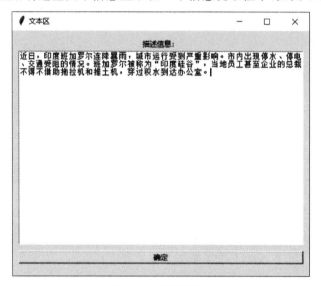

图 9-10　示例界面 2

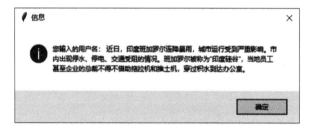

图 9-11　示例信息提示框 2

示例代码如下：

```
# coding = utf-8
# 9.5.2-2 文本区

import tkinter as tk
from tkinter import messagebox, INSERT, END


def login_clicked():                          # 事件处理函数
    msg = f'您输入的用户名：{text.get(1.0, END)}'                    ①
    # print(msg)
    messagebox.showinfo('信息', msg)
```

```
window = tk.Tk()
window.geometry('500x400')
window.title('文本区')

frame = tk.Frame(window)                    # 创建 Frame 对象

# 设置 Frame 布局
frame.pack(padx = 10, pady = 10, fill = 'x', expand = True)

username_label = tk.Label(frame, text = "描述信息:")
username_label.pack(fill = 'x', expand = True)
# 创建描述信息文本区控件
text = tk.Text(frame)
text.pack(fill = 'x', expand = True)
# 在 text 控件中插入文本内容
text.insert(1.0, "大家好!!!")                              ②

# 创建确定按钮
ok_button = tk.Button(frame, text = "确定", command = login_clicked)
# 设置确定按钮布局
ok_button.pack(fill = 'x', expand = True, pady = 10)

window.mainloop()
```

上述代码第①行的表达式 text.get(1.0，END)获得 text 文本区控件的文本内容，其中第 1 个参数是插入的开始位置，这个参数是浮点类型；第 2 个参数是文本结束位置，END 常量是 Tkinter 提供的。

代码第②行在文本区控件中插入文本内容，insert()方法的第 1 个参数是插入的开始位置，这个参数是浮点类型；第 2 个参数是要插入的文本。

9.5.3　复选框

微课视频

能够有多个选项的控件是复选框，Tkinter 提供的复选框类是 Checkbutton，复选框有时也单独使用，能提供两种状态的开和关。

下面通过示例介绍复选框。如图 9-12 所示的界面，窗口中有一组复选框，当用户勾选复选框时，会弹出一个信息提示框，显示一些提示信息，如图 9-13 所示。

图 9-12　示例界面 3

图 9-13　信息提示框 3

示例代码如下：

```
# coding = utf - 8
# 9.5.3 复选框

import tkinter as tk
from tkinter import messagebox

window = tk.Tk()
window.geometry('240x120')
window.title('复选框')

var1 = tk.IntVar()                            # 绑定 Checkbutton 的 variable 属性    ①
var2 = tk.IntVar()
var3 = tk.IntVar()                                                                ②

frame = tk.Frame(window)                      # 创建 Frame 对象

# 设置 Frame 布局
frame.pack(fill = 'x', expand = True)

label = tk.Label(frame, text = "选择你喜欢的编程语言:")
label.pack(fill = 'x', expand = True)
# 创建复选框对象
c1 = tk.Checkbutton(frame, text = 'Python',   # 设置复选框标签
                    variable = var1,          # 绑定 var1 变量，它是 IntVar 类型数据
                    onvalue = 1,              # 设置复选框选中状态值
                    offvalue = 0,             # 设置复选框未选中状态值
                    # 单击时调用的 lambda 函数
    command = lambda: messagebox.showinfo('信息', f'选择 Python,状态{var1.get()}。'))  ③
c1.pack()

c2 = tk.Checkbutton(frame, text = 'Java',
                    variable = var2,
                    onvalue = 1,
                    offvalue = 0,
                    # 单击时调用的 lambda 函数
    command = lambda: messagebox.showinfo('信息', f'选择 Java,状态{var1.get()}。'))
c2.pack()

c3 = tk.Checkbutton(frame, text = 'C++',
                    variable = var3,
                    onvalue = 1,
                    offvalue = 0,
                    # 单击时调用的 lambda 函数。
    command = lambda: messagebox.showinfo('信息', f'选择 C++,状态{var1.get()}。'))
c3.pack()
window.mainloop()
```

上述代码第①行和第②行创建 3 个 IntVar 对象，是由 Tkinter 提供的对象，与文本输入框的 textvariable 属性类似，用于和复选框 Checkbutton 的 Variable 属性绑定。

微课视频

代码第③行 command 属性设置复选框单击时调用的处理函数,该函数采用匿名的 lambda 函数,其中 var1.get()表达式可以获得复选框的状态值(即 0 或 1)。

9.5.4　单选按钮

Tkinter 中具有单选功能的控件是单选按钮(Radiobutton),同一组的多个单选按钮应该具有互斥特性,这也是为什么单选按钮也称为收音机按钮(Radiobutton),就是当一个按钮按下时,其他按钮处于释放状态。

下面通过示例介绍单选按钮,如图 9-14 所示的界面,界面中有两组单选按钮。

图 9-14　示例界面 4

示例代码如下:

```
# coding = utf - 8
# 9.5.4 单选按钮

import tkinter as tk

window = tk.Tk()
window.geometry('320x60')
window.title('单选按钮')

group_1 = tk.IntVar()                            # 绑定 Radiobutton 的 variable 属性        ①
group_2 = tk.IntVar()                                                                     ②

frame1 = tk.Frame(window)                         # 创建 frame1 对象                         ③
frame1.pack(fill = 'x', expand = True)            # 设置 frame1 布局
frame2 = tk.Frame(window)                         # 创建 frame2 对象                         ④
frame2.pack(fill = 'x', expand = True)            # 设置 frame2 布局

tk.Label(frame1, text = "选择性别:").pack(side = tk.LEFT)   # 创建标签,同时设置布局
# 创建单选按钮对象
r1 = tk.Radiobutton(frame1, text = '女',           # 设置单选按钮标签
                    variable = group_1,            # 相同的 variable 值则为同一组单选按钮    ⑤
                    value = 0,                                                            ⑥
            command = lambda: print(f'选择女,状态{group_1.get()}.')) # 单击时调用的函数
r1.pack(side = tk.LEFT)

# 创建单选按钮对象
r2 = tk.Radiobutton(frame1, text = '男',           # 设置单选按钮标签
                    variable = group_1,            # 绑定 var1 变量,它是 IntVar 类型数据
                    value = 1,
            command = lambda: print(f'选择男,状态{group_1.get()}。')) # 单击时调用的函数

r2.pack(side = tk.LEFT)
```

```
tk.Label(frame2, text = "选择你最喜欢的水果:").pack(side = tk.LEFT)
r3 = tk.Radiobutton(frame2, text = '苹果',
                    variable = group_2,          # 相同的 variable 值则为同一组单选按钮
                    value = 0, # 由于 IntVar 默认值是 0,所以设置 valu = 0 的单选按钮为选中状态
         command = lambda: print(f'选择苹果,状态{group_2.get()}。'))

r3.pack(side = tk.LEFT)
r4 = tk.Radiobutton(frame2, text = '橘子',
                    variable = group_2,
                    value = 1,
                    command = lambda: print(f'选择橘子,状态{group_2.get()}。'))

r4.pack(side = tk.LEFT)
r5 = tk.Radiobutton(frame2, text = '香蕉',
                    variable = group_2,
                    value = 3,
                    command = lambda: print(f'选择香蕉,状态{group_2.get()}。'))

r5.pack(side = tk.LEFT)

window.mainloop()
```

上述代码第①行和第②行创建 2 个 IntVar 对象,相同组单选按钮具有相同的 IntVar。

代码第③行和第④行创建两个 Frame 对象,它们分别放入两组单选按钮,如图 9-15 所示。

代码第⑤行设置 variable 属性,注意所有同一组单选按钮,该属性设置相同,所以 r1 和 r2 设置相同的 variable 属性,都设置为 group_1,而 r3、r4 和 r5 设置相同的 variable 属性,都设置为 group_2。

代码第⑥行设置 value＝0,它可以设置该单选按钮为选中状态。

图 9-15　创建两个 Frame 对象

微课视频

9.5.5　列表

列表控件提供了列表选项,列表控件也可以单选或多选。Tkinter 提供的列表控件类是 Listbox。

下面通过示例介绍列表控件。如图 9-16 所示的界面,界面中有一个列表控件,当选项改变时会将选中的信息输出到控制台。

示例代码如下:

```
# coding = utf - 8
# 9.5.5 列表

import tkinter as tk
```

图 9-16　示例界面 5

```
window = tk.Tk()
window.geometry('320x200')
window.title('列表')

langs = ('Java', 'C#', 'C', 'C++', 'Python', 'Go', 'JavaScript',
         'PHP', 'Swift', 'Objective-C')

langs_var = tk.StringVar(value = langs)  # 声明 StringVar 对象,用于绑定列表控件的 listvariable 属性

tk.Label(text = "选择你喜欢的编程语言:").pack()
listbox = tk.Listbox(                    # 创建列表对象
    window,
    listvariable = langs_var,
    height = 6,                          # 设置列表控件的高度         ①
    selectmode = tk.SINGLE)              # 设置列表为单选模式

listbox.pack()

# 事件处理函数
def selected_changed(event):
    # 获得选项的索引
    selected_idx = listbox.curselection()[0]               ②
    # 获得选项的内容
    item = listbox.get(selected_idx)
    print(item)


# 绑定列表选项变化事件
listbox.bind('<<ListboxSelect>>', selected_changed)        ③

window.mainloop()
```

上述代码第①行设置列表对象的 height 属性,设置列表控件最多显示 6 个项目,超过 6 个不会显示,可以滚动鼠标显示。

代码第②行返回选中列表的索引,注意 curselection()函数返回选中的列表,由于设置了单选模式,因此这个选中列表最多只有一个元素。

代码第③行通过 bind()函数绑定列表选项变化事件。

9.5.6　下拉列表

下拉列表控件是由一个文本框和一个列表选项构成的，如图 9-17 所示，列表选项是收起来的，默认每次只能选择其中的一项。Tkinter 提供的下拉列表控件类是 Combobox。

下面通过示例介绍下拉列表控件。如图 9-17 所示的界面，界面中有一个下拉列表控件，当选项改变时会将选中信息输出到控制台。

图 9-17　示例界面 6

示例代码如下：

```
# coding = utf - 8
# 9.5.6 下拉列表

import tkinter as tk                              # 导入 tkinter 模块
from tkinter import ttk                           # 导入 ttk 子模块              ①

window = tk.Tk()
window.geometry('320x100')
window.title('下拉列表')

langs = ('Java', 'C#', 'C', 'C++', 'Python', 'Go', 'JavaScript',
         'PHP', 'Swift', 'Objective - C')

tk.Label(text = "选择你喜欢的编程语言:").pack()
combobox = tk.ttk.Combobox(                       # 创建下拉列表对象
    window,
    values = langs,
    state = "readonly")                           # 设置下拉列表为只读模式

combobox.pack()


# 事件处理函数
def selected_changed(event):
    print(combobox.current(), combobox.get())                                  ②


# 绑定下拉列表选项变化事件
combobox.bind('<< ComboboxSelected >>', selected_changed)

window.mainloop()
```

上述代码第①行引入 tkinter 模块中的 ttk 子模块，ttk 也提供了一些控件，它们拥有更好的跨平台的外观。

代码第②行中表达式 combobox. current()获得选中选项的索引,表达式 combobox. get()获得选中选项的内容。

9.5.7　文件选择器

在访问文件或文件夹时,可以使用文件选择器控件,Tkinter 提供的文件选择器控件类是 filedialog,filedialog 类中有如下多个方法,这些方法可以弹出多种形式的文件选择框。

（1）askopenfilename()：可以选择单个文件,返回文件的完整路径字符串。

（2）askopenfilenames()：可以选择多个文件,返回多个文件的完整路径的元组。

（3）askdirectory()：选择目录,返回目录名。

（4）askopenfile()：选择单个文件,返回文件对象。

（5）askopenfiles()：选择多个文件,返回多个文件对象的元组。

下面通过一个示例熟悉文件选择器的使用。

如图 9-18 所示界面中摆放了 4 个按钮,其中当用户单击"读取 csv 文件内容"按钮时,则可以选择并打开 csv 文件,然后将 csv 文件内容展示在下面的文本区(Text)控件中。

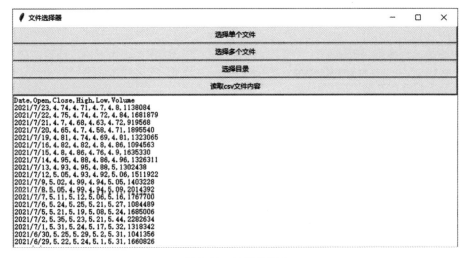

图 9-18　示例界面 7

示例实现代码如下:

```
# coding = utf - 8
# 9.5.7 文件选择器
import tkinter as tk
from tkinter import filedialog, messagebox, END

window = tk.Tk()

window.title('文件选择器')
window.geometry('800x500')
```

```
def onclick1():
    filetypes = [('Python 文件', '*.py'),                            ①
                 ('文本文件', '*.txt'),
                 ('所有文件', '*.*')]
    # 选择单个文件,返回文件名
    ret = filedialog.askopenfilename(title = '选择单个文件',          ②
                                     initialdir = '~/Desktop',
                                     filetypes = filetypes)
    print(ret)
    if ret is None or ret == '':
        messagebox.showwarning('选择文件', '未选中任何文件!')         ③
    else:
        messagebox.showinfo('选择文件', ret)


def onclick2():
    # 选择多个文件,返回多个文件名的元组
    ret = filedialog.askopenfilenames()                            ④
    if ret is None or ret == '':
        messagebox.showwarning('选择文件', '未选中任何文件!')
    else:
        messagebox.showinfo('选择文件', ret)                         ⑤


def onclick3():
    # 选择目录,返回目录名
    ret = filedialog.askdirectory()                                ⑥
    if ret is None or ret == '':
        messagebox.showwarning('选择目录', '未选中任何目录!')
    else:
        messagebox.showinfo('选择目录', ret)


def onclick4():
    filetypes = [('csv 文件', '*.csv'),
                 ('文本文件', '*.txt'),
                 ('所有文件', '*.*')]
    # 选择并打开文件,返回文件对象
    fd = filedialog.askopenfile(title = '选择文本文件',               ⑦
                                initialdir = './data',
                                filetypes = filetypes)
    if fd is None:
        messagebox.showwarning('选择目录', '未选中任何文件!')
    else:
        # 读取文件内容
        content = fd.read()                                        ⑧
        # 在 text 控件后面追加文本
        text.insert(END, content)


button1 = tk.Button(window, text = '选择单个文件', command = onclick1)
button2 = tk.Button(window, text = '选择多个文件', command = onclick2)
button3 = tk.Button(window, text = '选择目录', command = onclick3)
```

```
button4 = tk.Button(window, text = '读取 csv 文件内容', command = onclick4)

text = tk.Text(window)  # 创建 text 控件

# 添加按钮控件到窗口
button1.pack(fill = tk.BOTH)
button2.pack(fill = tk.BOTH)
button3.pack(fill = tk.BOTH)
button4.pack(fill = tk.BOTH)
text.pack(fill = tk.BOTH)

window.mainloop()
```

上述代码第①行声明变量 filetypes，它是指定文件选择器所能选择的文件类型。filetypes 变量是元组或列表类型，其中的每个元素又是元组类型，filetypes 变量内容如图 9-19 所示。指定了文件类型的文件选择器，弹出如图 9-20 所示对话框，在文件类型下拉列表中有三个选项可以选择，这三个选项是通过 filetypes 参数指定的。

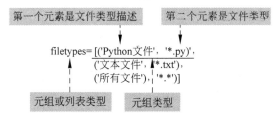

图 9-19　filetypes 变量内容

图 9-20　文件选择器示例

代码第②行通过 askopenfilename() 方法返回选择单个文件，其中 initialdir 参数设置选择文件时的初始目录，'～/Desktop' 目录是当前用户的桌面文件夹。askopenfilename() 方法返回值 ret 是选择文件的完整路径，它是字符串类型。

代码第③行弹出信息提示框，展示选择的文件路径，如图 9-21 所示。

图 9-21　展示选择的文件路径 1

代码第④行通过 askopenfilenames() 函数返回选择多个文件。注意在 Windows 系统中选择多个文件需要按住 Ctrl 键，再用鼠标左键选择。

代码第⑤行弹出信息提示框，展示选择的文件路径，如图 9-22 所示。

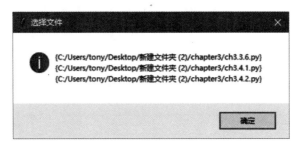

图 9-22　展示选择的文件路径 2

代码第⑥行通过 askdirectory() 函数选择文件目录。

代码第⑦行通过 askopenfile() 函数选择并打开文件，返回文件对象 fd。

代码第⑧行通过文件对象的 read 函数读取文件内容，如果是 Excel 和 Word 等文件而不是文本文件则不能使用该函数读取。

微课视频

9.6　使用 Treeview 实现表格控件

表格控件可以展示大量数据，在 GUI 项目中广泛使用，但是 Tkinter 并没有提供标准的表格控件。不过开发人员可以通过以下两种方法实现表格控件。

（1）使用 grid 布局实现：使用 grid 布局摆放控件，从而实现表格控件。

（2）使用 Treeview 控件实现：本章重点介绍使用 Treeview 实现表格控件。

Treeview 控件也属于 tkinter 模块中 ttk 包，Treeview 用于展示两种结构数据：①二维表格，如图 9-23 所示；②层次（树状），如图 9-24 所示。

表格控件				— □ ✕

书籍编号	书籍名称	作者	出版社	出版日期	库存数量
0036	高等数学	李放	人民邮电出版社	20000812	1
0004	FLASH精选	刘扬	中国纺织出版社	19990312	2
0026	软件工程	牛田	经济科学出版社	20000328	4
0015	人工智能	周未	机械工业出版社	19991223	3
0037	南方周未	邓光明	南方出版社	20000923	3
0008	新概念3	余智	外语出版社	19990723	2
0019	通讯与网络	欧阳杰	机械工业出版社	20000517	1
0014	期货分析	孙宝	飞鸟出版社	19991122	3
0023	经济概论	思佳	北京大学出版社	20000819	3
0017	计算机理论基础	戴家	机械工业出版社	20000218	4
0002	汇编语言	李利光	北京大学出版社	19980314	2
0033	模拟电路	邓英才	电子工业出版社	20000527	2
0011	南方旅游	王爱国	南方出版社	19990930	2
0039	黑幕	李仪	华光出版社	20000508	14
0001	软件工程	戴国强	机械工业出版社	19980528	2
0034	集邮爱好者	李云	人民邮电出版社	20000630	1
0031	软件工程	戴志名	电子工业出版社	20000324	1
0030	数据库及应用	孙家蓄	清华大学出版社	20000619	1
0024	经济与科学	毛波	经济科学出版社	20000923	2
0009	军事要闻	张强	解放军出版社	19990722	3
0003	计算机基础	王飞	经济科学出版社	19980218	1
0020	现代操作系统	王小国	机械工业出版社	20010128	1

图 9-23　二维表格

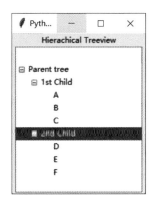

图 9-24　层次（树状）

本节利用 Treeview 控件实现二维表格（见图 9-23），表格代码如下：

```
# coding = utf - 8
# 9.6 使用 Treeview 实现表格控件

import tkinter as tk                              # 导入 tkinter 模块
from tkinter import ttk                           # 导入 ttk 模块

# 声明表格数据
data = [['0036', '高等数学', '李放', '人民邮电出版社', '20000812', '1'],
```

```
          ...
          ['0005', 'java 基础', '王一', '电子工业出版社', '19990528', '3'],
          ['0032', 'SQL 使用手册', '贺民', '电子工业出版社', '19990425', '2']]

# 声明表头
column_names = ['书籍编号', '书籍名称', '作者', '出版社', '出版日期', '库存数量']

window = tk.Tk()                                  # 创建窗口对象

screenwidth = window.winfo_screenwidth()          # 计算屏幕宽度          ①
screenheight = window.winfo_screenheight()        # 计算屏幕高度          ②

width = 700                                        # 设置屏幕宽度
height = 500                                       # 设置屏幕高度

centerx = (screenwidth - width) // 2               # 计算窗口居中时 x 轴坐标
centery = (screenheight - height) // 2             # 计算窗口居中时 y 轴坐标

window.title('表格控件')
window.geometry(f'{width}x{height} + {centerx} + {centery}')
table_frame = tk.Frame(window)                     # 创建 Frame 对象
table_frame.pack()
xscroll = tk.Scrollbar(table_frame, orient = tk.HORIZONTAL) # 创建水平滚动条对象   ③
yscroll = tk.Scrollbar(table_frame, orient = tk.VERTICAL)   # 创建垂直滚动条对象   ④

# 创建 Treeview 对象
table = ttk.Treeview(
    master = table_frame,                          # 父容器
    height = 26,                                    # 设置表格显示的行数       ⑤
    columns = column_names,                        # 设置列
    show = 'headings',                             # 设置控件 Treeview 显示风格
    xscrollcommand = xscroll.set,                  # 设置 x 轴滚动条
    yscrollcommand = yscroll.set,                  # 设置 y 轴滚动条
)

for column in column_names:
    table.heading(column = column, text = column)  # 设置表头

table.column(column = 0, width = 100)              # 设置书籍编号列宽
table.column(column = 1, width = 150)              # 设置书籍名称列宽
table.column(column = 2, width = 80)               # 设置作者列宽
table.column(column = 3, width = 150)              # 设置出版社列宽
table.column(column = 4, width = 80)               # 设置出版日期列宽
table.column(column = 5, width = 80)               # 设置库存数量列宽

table.tag_configure('even', background = '#ADD8E6') # 声明表格奇数行 tag      ⑥
table.tag_configure('odd', background = 'white')    # 声明表格偶数行 tag      ⑦
xscroll.pack(side = tk.BOTTOM, fill = tk.X)
yscroll.pack(side = tk.RIGHT, fill = tk.Y)
```

```
table.pack()

# 声明变量,保存 data 数据的行索引
index = 0
# 遍历数据 data
for row in data:
    # 声明 my_tag 变量,默认保存'odd'
    my_tag = 'odd'
    if index % 2 == 0:
        # 如果是奇数保存'even'
        my_tag = 'even'
    table.insert('', tk.END, values = row, tags = my_tag)    # 添加数据到末尾    ⑧
    # 累计行索引
    index += 1

window.mainloop()
```

上述代码第①行的 winfo_screenwidth()方法动态获得屏幕的宽度。

代码第②行的 winfo_screenheight()方法动态获得屏幕的高度。

代码第③行和第④行分别创建了滚动条对象,它是通过 Scrollbar 类创建的。

代码第⑤行设置表格显示的行数。

代码第⑥行和第⑦行设置两个 tag 对象,tag 对象是用于设置控件的风格和样式。

代码第⑧行在表格的末尾添加一行数据,values 参数是设置当前行数据;tags 参数是设置当前行样式。

9.7　动手练一练

微课视频

编程题

(1) 使用 Tkinter 库编写一个简易的计算器。

提示:计算器在计算时需要将表达式形式的字符串进行算术计算,如 1+2+3−4,计算返回数字 2,这种计算可以使用 Python 内置函数 eval(),该函数参数是字符串,返回值是计算结果。

(2) 使用 Tkinter 库编写从文本文件中读取内容,然后显示在文本区中。

(3) 设计一个 GUI 界面实现将日期字符串转换为日期对象。

(4) 设计一个 GUI 界面实现 BMI 计算器,并将每次计算的 BMI 指数记录到一个 CSV 文件中。

第 10 章

网 络 编 程

网络编程是非常重要的技术。Python 提供了丰富的网络编程库,本章介绍 Python 网络编程的相关知识。

10.1 网络基础

网络编程需要程序员掌握一些网络基础知识,本节先介绍一些网络基础知识。

10.1.1 TCP/IP

网络通信会用到协议,其中 TCP/IP 是非常重要的。TCP/IP 是由 IP 和 TCP 两个协议构成。IP(Internet Protocol)是一种低级的路由协议,它将数据拆分在许多小的数据包中,并通过网络将它们发送到某一特定地址,但无法保证所有包都抵达目的地,也不能保证包的顺序。由于 IP 传输数据的不安全性,网络通信时还需要 TCP(Transmission Control Protocol,传输控制协议)。

TCP是一种高层次的协议,是面向连接的可靠数据传输协议,如果有些数据包没有收到会重发,并对数据包内容的准确性进行检查,保证数据包顺序,所以该协议保证数据包能够安全地按照发送时的顺序送达目的地。

10.1.2　IP地址

为实现网络中不同计算机之间的通信,每台计算机都必须有一个与众不同的标识,这就是IP地址,TCP/IP使用IP地址标识源地址和目的地址。最初所有的IP地址都是32位的数字,由4个8位的二进制数组成,每8位之间用圆点隔开,如192.168.1.1,这种类型的地址通过IPv4指定。而现在有一种新的地址模式称为IPv6,IPv6使用128位数字表示一个地址,分为8个16位块。尽管IPv6比IPv4有很多优势,但是由于习惯的问题,很多设备还是采用IPv4。不过Python语言同时支持IPv4和IPv6。

在IPv4地址模式中IP地址分为A、B、C、D和E 5类。

(1) A类地址用于大型网络,地址范围:1.0.0.1~126.155.255.254。

(2) B类地址用于中型网络,地址范围:128.0.0.1~191.255.255.254。

(3) C类地址用于小规模网络,地址范围:192.0.0.1~223.255.255.254。

(4) D类地址用于多目的地信息的传输和备用。

(5) E类地址保留仅作实验和开发用。

另外,有时还会用到一个特殊的IP地址127.0.0.1,称为回送地址,是指本机。127.0.0.1主要用于网络软件测试以及本地机进程间通信,使用回送地址发送数据,不进行任何网络传输,只在本机进程间通信。

10.1.3　HTTP/HTTPS

互联网访问大多都基于HTTP/HTTPS。下面将介绍HTTP/HTTPS。

1. HTTP

HTTP(HypertextTransferProtocol),即超文本传输协议。HTTP属于应用层的面向对象的协议,其简捷、快速的方式适用于分布式超文本信息的传输。它于1990年提出,经过多年的使用与发展,得到不断完善和扩展。HTTP支持C/S网络结构,是无连接协议,即每次请求时建立连接,服务器处理完客户端的请求后,应答给客户端然后断开连接,不会一直占用网络资源。

HTTP/1.1共定义了8种请求方法:OPTIONS、HEAD、GET、POST、PUT、DELETE、TRACE和CONNECT。在HTTP访问中,一般使用GET和POST方法。

(1) GET方法:向指定的资源发出请求,发送的信息"显式"地跟在URL后面。GET方法只用在读取数据,例如静态图片等。GET方法有点像使用明信片给别人写信,"信内容"写在外面,接触到的人都可以看到,因此是不安全的。

(2) POST方法:向指定资源提交数据,请求服务器进行处理,例如提交表单或者上传文件等。数据被包含在请求体中。POST方法像是把"信内容"装入信封中,接触到的人都看不到，因此是安全的。

2. HTTPS

HTTPS（Hypertext Transfer Protocol Secure），即超文本传输安全协议，是超文本传输协议和 SSL 的组合，用以提供加密通信及对网络服务器身份的鉴定。

简单地说，HTTPS 是 HTTP 的升级版，HTTPS 与 HTTP 的区别：HTTPS 使用 https://代替 http://，HTTPS 使用端口 443，而 HTTP 使用端口 80 与 TCP/IP 进行通信。SSL 使用 40 位关键字作为 RC4 流加密算法，这对于商业信息的加密是合适的。HTTPS 和 SSL 支持使用 X.509 数字认证，如果需要的话，用户可以确认发送者是谁。

10.1.4　端口

一个 IP 地址标识一台计算机，每台计算机又有很多网络通信程序在运行，提供网络服务或进行通信，这就需要不同的端口进行通信。如果把 IP 地址比作电话号码，那么端口就是分机号码，进行网络通信时不仅要指定 IP 地址，还要指定端口号。

TCP/IP 系统中的端口号是一个 16 位的数字，它的范围是 0～65535。小于 1024 的端口号保留给预定义的服务，如 HTTP 是 80，FTP 是 21，Telnet 是 23，E-mail 是 25 等，除非要和那些服务进行通信，否则不应该使用小于 1024 的端口。

10.1.5　URL 概念

互联网资源是通过 URL（Uniform Resource Locator，统一资源定位器），URL 组成格式如下：

协议名://资源名

"协议名"获取资源所使用的传输协议，如 http、ftp、gopher 和 file 等，"资源名"则是资源的完整地址，包括主机名、端口号、文件名或文件内部的一个引用。例如：

```
https://www.google.com/
http://www.pythonpoint.com/network.html
http://www.zhijieketang.com:8800/Gamelan/network.html#BOTTOM
```

微课视频

10.2　Python 网络编程库

Python 提供了丰富的网络编程库，它们主要分为如下两大类：

（1）基于 Socket 低层次通信库，这种通信库要熟悉通信的底层协议，对于初学者有一定的难度，而且应用场景也不多。

（2）基于 Web 编程高层次通信库，这种通信库屏蔽了通信底层细节，对于初学者容易上手，而应用场景比较多，例如网络爬虫程序，本书重点介绍基于 Web 编程高层次通信库。

10.2.1　Web 编程库 urllib

Python 的 Web 编程库是 urllib，urllib 中主要的模块如下：

(1) urllib. request 模块：用于打开和读写 URL 资源。

(2) urllib. error 模块：包含了由 urllib. request 引发的异常。

(3) urllib. parse 模块：用于解析 URL。

基于 Web 编程主要使用 urllib. request 模块，它有如下两种用法：

(1) urllib. request. urlopen()方法：用于简单网络资源的访问。

(2) urllib. request. Request 对象：可以访问复杂网络资源。

使用 urllib. request. urlopen()方法最简单形式的代码如下：

```
# coding = utf - 8
# 10.2.1 Web 编程库 urllib

import urllib. request                            # 导入模块

# 声明 URL 网址
URL = "http://bang. dangdang. com/books/bestsellers"

# 通过发送网络请求
with urllib. request. urlopen(URL) as response:             ①
    data = response. read()              # 读取网络数据       ②
    html = data. decode()                # 将数据解码为 HTML 字符串    ③
    print(html)
```

上述代码第①行使用 urlopen()函数打开网站，urlopen()函数返回一个应答对象，应答对象是一种类似文件对象(file-like object)，该对象可以像使用文件一样使用，可以使用 with as 代码块自动管理释放资源。

代码第②行是 read()函数读取数据，但是该数据是字节序列数据。

代码第③行是将字节序列数据转换为字符串。

上述示例运行结果发生如下异常：

```
Traceback (most recent call last):
    File "C:\...\chapter10\10.2.1.py", line 11, in < module >
        html = data. decode()
    UnicodeDecodeError: 'utf - 8' codec can't decode byte 0xca in position 285: invalid
continuation byte
```

data. decode()方法解码数据时，需要正确指定编码，这个编码需要与网站的 HTML 代码编码保持一致，如图 10-1 所示查看网站的 HTML 编码，其中 gb2312 是 gbk 编码子集。

修改上述 decode 方法，代码如下：

```
...
html = data. decode(encoding = 'gbk')             # 采用 gbk 编码解码数据
...
```

图 10-1　查看网站的 HTML 编码

💡**提示**　在使用 decode() 方法时即便正确设置了编码，仍然可能会有一些数据无法解码，则可以设置参数 errors='ignore' 忽略编码错误，使得程序继续执行。

10.2.2　发送 GET 请求

对于复杂的需求，需要使用 urllib.request.Request 对象才能满足。Request 对象可以与 urlopen() 方法结合使用。

下面示例代码展示了通过 Request 对象发送 HTTP/HTTPS 的 GET 请求过程。

```
# coding = utf - 8
# 10.2.2 发送 GET 请求

import urllib.request                    # 导入模块

# 声明 URL 网址
URL = "http://127.0.0.1:5000/NoteWebService?action = query&ID = 10"        ①

req = urllib.request.Request(URL)       # 创建请求对象
# 发送网络请求
with urllib.request.urlopen(URL) as response:
    data = response.read()
    jsonstr = data.decode()
    print(jsonstr)
```

上述代码第①行是一个提供 Web 服务的示例网址，使用 GET 请求发送数据时参数是放在 URL 的"?"之后，参数采用键-值对形式，例如 action＝query&ID＝10 就是两个参数对。

10.2.3　发送 POST 请求

本节介绍发送 HTTP/HTTPS 的 POST 类型请求,下面示例代码展示了通过 Request 对象发送 HTTP/HTTPS 的 POST 请求过程。

```
# coding = utf-8
# 10.2.3 发送 POST 请求

import urllib.request                                    # 导入请求模块
import urllib.parse                                      # 导入解析模块

# 声明 URL 网址
URL = "http://127.0.0.1:5000/NoteWebService"

# 准备 HTTP 请求参数
params_dict = {'ID': 10, 'action': 'query'}                                    ①
params_str = urllib.parse.urlencode(params_dict)         # 参数字符串编码为 URL 编码    ②
params_bytes = params_str.encode()                       # 字符串转换为字节序列          ③

req = urllib.request.Request(URL, method = "POST")       # 发送 POST 请求               ④

# 发送网络请求
with urllib.request.urlopen(req, data = params_bytes) as response:                ⑤
    data = response.read()
    jsonstr = data.decode()
    print(jsonstr)
```

上述代码第①行是准备 HTTP 请求参数,这些参数被保存在字典对象中,键是参数名,值是参数值。

代码第②行使用 urllib.parse.urlencode()函数将参数字典对象转换为参数字符串,其中 urlencode()函数还可以将普通字符串转换为 URL 编码字符串,例如@字符 URL 编码为%40。

代码第③行是将参数字符串转换为参数字节序列对象,这是因为发送 POST 请求时的参数要以字节序列形式发送。

代码第④行是创建 Request 对象,其中 method 参数用来请求方法。

代码第⑤行 urlopen()函数发送网络请求,该方法的第 1 个参数是请求对象 req,第 2 个参数 data 是要发送的数据。

10.3　JSON 数据交换格式

微课视频

两个计算机程序之间也需要数据交换,能够用于数据交换的格式有很多,其中用于 Web 应用程序之间数据交互的格式包括 XML 格式和 JSON 格式。

　　JSON 格式是目前推荐的数据交互格式,本书重点介绍 JSON 数据交互格式。

10.3.1　JSON 文档

　　JSON(JavaScript Object Notation)是一种轻量级的数据交换格式。所谓轻量级,是与 XML 文档结构相比而言的,因为描述项目所需的字符少,所以描述相同数据所需的字符个数也少,那么传输速度就会提高,而流量却会减少。由于 Web 和移动平台开发对流量的要求是尽可能少,对速度的要求是尽可能快,而轻量级的数据交换格式 JSON 就成为理想的数据交换格式。

　　构成 JSON 文档的两种结构为对象(object)和数组(array)。对象是"名称-值"对集合,它类似于 Python 中的 Map 类型,而数组是一连串元素的集合。

　　JSON 对象(object)是一个无序的"名称-值"对集合,一个对象以"{"开始,"}"结束。每个"名称"后跟一个":","名称-值"对之间使用","分隔,"名称"应该是字符串类型(string),"值"可以是任何合法的 JSON 类型。JSON 对象的语法格式如图 10-2 所示。

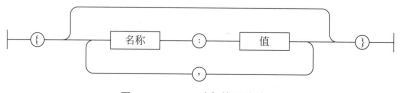

图 10-2　JSON 对象的语法格式

　　下面是一个 JSON 对象的例子:

```
{
    "name":"abc.htm",
    "size":345,
    "saved":true
}
```

　　JSON 数组(array)是值的有序集合,以"["开始,"]"结束,值之间使用","分隔。JSON 数组的语法格式如图 10-3 所示。

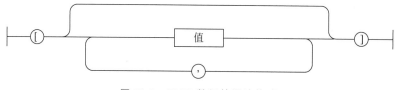

图 10-3　JSON 数组的语法格式

　　下面是一个 JSON 数组的例子:

```
["text","html","css"]
```

　　在数组中,值可以是双引号括起来的字符串、数字、true、false、null、对象或者数组,而且这些结构可以嵌套。数组中值的 JSON 语法结构如图 10-4 所示。

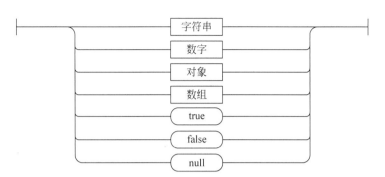

图 10-4　数组中值的 JSON 语法结构

10.3.2　JSON 编码

微课视频

为了便于存储或传输,在 Python 程序中要将 Python 数据转换为 JSON 数据,这个过程称为 JSON 编码,在编码过程中 Python 数据转换为 JSON 数据映射关系如表 10-1 所示。

表 10-1　Python 数据转换为 JSON 数据映射关系

Python	JSON
字典	对象
列表、元组	数组
字符串	字符串
整数、浮点等数字类型	数字
True	true
False	false
None	null

Python 提供的内置模块 json 可以帮助实现 JSON 的编码和解码,JSON 编码使用 dumps()函数,dumps()函数将编码的结果以字符串形式返回。

示例代码如下:

```
# coding = utf - 8
# 10.3.2 JSON 编码
import json # 导入 json 模块                    ①

# 准备数据
py_dict = {'name': 'tony', 'age': 30, 'sex': True}   # 创建字典对象
py_list = [1, 3]                                      # 创建列表对象
py_tuple = ('A', 'B', 'C')                            # 创建元组对象

py_dict['a'] = py_list                                # 添加列表到字典中
py_dict['b'] = py_tuple                               # 添加元组到字典中

json_obj = json.dumps(py_dict)                        # 将 Python 字典编码为 JSON 对象
print("JSON 对象", json_obj)                          # 输出 JSON 对象
```

```
json_obj = json.dumps(py_list)        # 将 Python 列表编码为 JSON 数组
print("JSON 数组", json_obj)           # 输出 JSON 数组
```

上述示例代码运行输出结果如下：

```
JSON 对象 {"name": "tony", "age": 30, "sex": true, "a": [1, 3], "b": ["A", "B", "C"]}
JSON 数组 [1, 3]
```

微课视频

10.3.3 JSON 解码

解码是编码的相反过程，即将 JSON 数据转换为 Python 数据，当从网络中接收或从磁盘中读取 JSON 数据时，需要解码为 Python 数据。

在编码过程中 JSON 数据转换为 Python 数据映射关系如表 10-2 所示。

表 10-2　JSON 数据转换为 Python 数据映射关系

JSON	Python
对象	字典
数组	列表
字符串	字符串
整数数字	整数
实数数字	浮点
true	True
false	False
null	alone

json 模块提供的解码函数是 loads() 函数，该函数将 JSON 字符串数据进行解码，返回 Python 数据。

下面具体介绍 JSON 数据解码过程。

```
# coding = utf - 8
# 10.3.3 JSON 解码

import json

# 准备 JSON 对象
json_obj = r'{"name": "tony", "age": 30, "sex": true, "a": [1, 3]}'
# 准备 JSON 数组
json_array = r'["A", "B", "C"]'

py_dict = json.loads(json_obj)        # 编码 JSON 对象，返回 Python 字典对象
print(py_dict)

py_list = json.loads(json_array)      # 编码 JSON 数组，返回 Python 列表对象
print(py_list)
```

上述示例代码运行输出结果如下：

```
{'name': 'tony', 'age': 30, 'sex': True, 'a': [1, 3]}
['A', 'B', 'C']
```

10.4 Web 服务器端编程

Web 应用程序主要分为如下两种架构：

（1）Client/Server（客户端/服务器，简称 C/S）架构，如图 10-5 所示，C/S 结构需要自己开发客户端，为了界面友好通常会使用一些 GUI 库开发，如 Python 中的 Tkinter 等，客户端与服务器一般情况下通过 HTTP/HTTPS 协议进行网络通信。

（2）Browser/Server（浏览器/服务器，简称 B/S）架构，如图 10-6 所示，B/S 架构是 C/S 架构的特例，它是客户端采用了 Web 浏览器，因此不需要自己编写客户端。

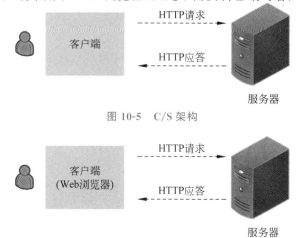

图 10-5 C/S 架构

图 10-6 B/S 架构

无论是哪种架构，服务器程序（也称 Web 后端）都需要有人提供，Web 后端开发技术也有很多，如 Java 和 Python 语言都有一些技术能够开发后端程序。另外，Python 语言的 Web 后端开发的框架有很多，其中有影响力的 Web 框架包括 Django、Flask、web. py、Tornado 和 TurboGears。Flask 非常轻量和简单，因此笔者推荐初学者学习 Flask 框架。

10.4.1 Flask 框架介绍

Flask（网址 https://flask.palletsprojects.com）是由 Python 语言实现的 Web 开发微框架。Flask 依赖两个外部库：Werkzeug WSGI 和 Jinja2 模板引擎。

微课视频

WSGI（Web Server Gateway Interface，Web 服务器网关接口）是 Python 应用程序或框架和 Web 服务器之间的一种接口，如图 10-7 所示。Werkzeug 是 WSGI 具体实现工具包，Werkzeug 实现了 HTTP 请求和 HTTP 响应对象，以及一些实用函数。这使得我们能够在其上构建 Python Web 应用程序。

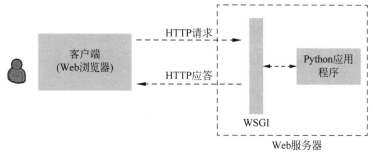

图 10-7　WSGI

10.4.2　安装 Flask 框架

在介绍 Flask 技术之前，首先安装 Flask 框架。Flask 框架不是官方提供的，需要进行安装，安装第三方库或框架可以使用 pip 工具，打开命令提示符窗口，如图 10-8 所示，然后输入指令如下：

```
pip install Flask
```

如果无法下载 Flask 可以尝试使用其他的 pip 镜像服务器，例如使用清华大学镜像服务器指令如下：

```
pip install Flask - i https://pypi.tuna.tsinghua.edu.cn/simple
```

微课视频

10.4.3　第一个 Flask 程序

Flask 框架安装成功后，可以编写一个简单的 Flask 程序，了解一下 Flask 程序结构、运行环境和调试方式等内容。

代码如下：

```
# coding = utf - 8                                              ①
# 10.4.3 第一个 Flask 程序

from flask import Flask              # 导入 flask 模块
app = Flask(__name__)               # 创建 Flask 对象

@app.route('/hello')                # 路由装饰器                    ②
def hello_world():                  # 视图方法用来处理客户端请求       ③
    return 'Hello World'            # 应答给客户端字符串              ④

if __name__ == '__main__':                                        ⑤
    app.run(debug = True)           # 启动 Flask 框架自带的 Web 服务器  ⑥
```

上述代码第①行要使用注释，设置当前脚本文件字符集为 utf-8，因为在当前的脚本文件中可能有中文字符串。

代码第②行@app.route 是路由装饰器，它是 Flask 提供的，它所修饰的方法与客户端

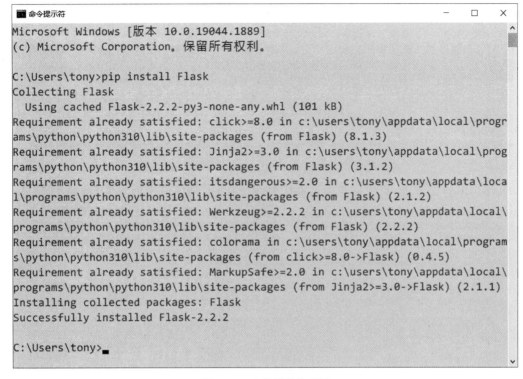

图 10-8　命令提示符窗口

请求的 URL 之间建立一种映射关系。

代码第③行 hello_world()是视图方法,用来处理客户端请求。

代码第④行返回应答给客户端字符串。

代码第⑤行判断__main__模块是否为当前运行的模块。

代码第⑥行 app.run()方法启动 Flask 框架自带的 Web 服务器。app.run()方法定义如下:

```
app.run(host, port, debug, options)
```

其中各个参数说明如下:

(1) host:服务器主机名,默认为 127.0.0.1,即 localhost。如果设置为 0.0.0.0,则可以在本机之外访问。

(2) port:主机端口,默认为 5000。

(3) debug:调试模式,默认为 false;如果设置为 true,则服务器会在代码修改后自动重新载入 Python 程序。

(4) options:可选参数。

代码编写完成后需要启动 Flask 程序,如图 10-9 所示是在命令提示符中启动 Flask 程序。

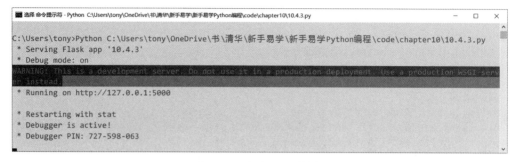

图 10-9　启动 Flask 程序

启动 Flask 程序后，就可以在浏览器中测试了，打开浏览器中的地址栏，如 URL 网址 http://127.0.0.1：5000/hello，如图 10-10 所示，页面会显示 HelloWorld 字符串。

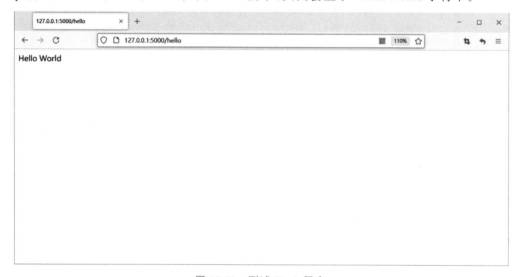

图 10-10　测试 Flask 程序

微课视频

10.5　案例：我的备忘录

在 10.2.2 节和 10.2.3 节介绍的示例中，都是向服务器发送请求，然而学习了 Flask 框架之后，读者完全可以编写自己的 Web 服务。本节就通过"我的备忘录"案例帮助读者熟悉使用 Flask 框架开发 Web 服务。

该案例 Web 服务从服务器返回的数据都是 JSON 数据，如图 10-11 所示，通过浏览器请求 Web 服务返回所有备忘录信息，如图 10-12 所示为通过备忘录 ID 查询备忘录信息。

10.5.1　准备数据

通常情况下数据是从数据库查询出来的，但是本书还没有介绍过 Python 如何访问数

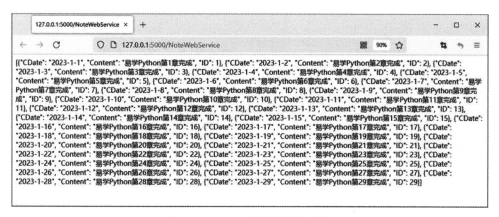

图 10-11 返回所有备忘录信息

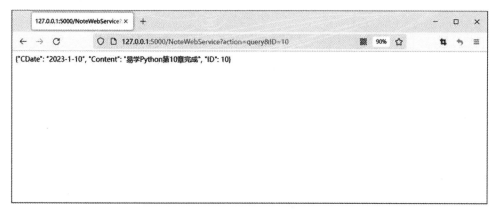

图 10-12 通过备忘录 ID 查询备忘录信息

据库,因此数据是硬编码,即写死在程序中的。相关代码如下:

```
...
# 准备数据
data = []                              # 列表对象

for x in range(1, 30):                                                    ①
    row1 = {}                          # 创建字典对象,一行数据一个字典对象
    row1['CDate'] = f'2023-1-{x}'
    row1['Content'] = f'易学 Python 第{x}章完成'
    row1['ID'] = x
    data.append(row1)                  # 将字典对象放到列表对象 data 中        ②
...
```

上述代码第①行和第②行创建 30 条备忘录数据,每条备忘录数据对应一个字典对象,这些字典对象又插入 data 列表对象中。

💡提示　代码第①行 range 函数返回"1≤整数序列取值＜30"的数列。

10.5.2 欢迎页面

一般情况下登录一个网站时会有默认的一个欢迎页面，如图 10-13 所示。

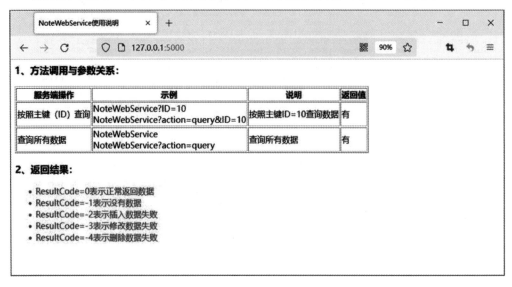

图 10-13　欢迎页面

要实现如图 10-13 所示的欢迎页面有多种方法，最简单的实现方法：首先美工设计好 HTML 静态页面，然后再使用 Flask 模板技术生成实现。

使用模板技术实现如图 10-14 所示的目录结构，在脚本文件的同级目录下有一个 templates 文件夹，其中 HTML 静态页面文件是放到该文件夹中的。

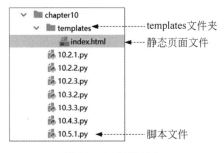

图 10-14　目录结构

显示欢迎页面的相关实现代码如下：

```
# coding = utf - 8
# 10.5.1 准备数据
from flask import Flask, render_template, request
import json
app = Flask(__name__)
…
@app.route('/', methods = ['GET'])                    ①
```

```
def index():                                      ②
    return render_template('index.html')          ③
```

上述代码第①行设置路由装饰器，一般欢迎页面都采用 GET 方法，URL 设置为"/"。代码第②行是视图方法。

代码第③行是实现代码的关键，render_template()函数使用模板引擎将静态 HTML 代码文件 index.html 渲染生成 HTML 字符串返回给客户端。

10.5.3 查询 Web 服务实现

查询 Web 服务分为如下两种情况：

(1) 如果提供 ID 参数，则根据 ID 查询返回对应的备忘录数据。

(2) 如果未提供 ID 参数，则会查询出所有的备忘录数据。

实现代码如下：

```
# coding = utf - 8
# 10.5.1 准备数据
from flask import Flask, render_template, request
import json

app = Flask(__name__)

# 准备数据
data = []                                          # 列表对象

for x in range(1, 30):
    row1 = {}                                      # 创建字典对象，一行数据一个字典对象
    row1['CDate'] = f'2023 - 1 - {x}'
    row1['Content'] = f'2 易学 Python 第{x}章完成'
    row1['ID'] = x
    data.append(row1)                              # 将字典对象放到列表对象 data 中

@app.route('/', methods = ['GET'])
# 欢迎页面试图方法
def index():
    return render_template('index.html')

@app.route('/NoteWebService', methods = ['GET', 'POST'])          ①
# 查询试图方法
def hello():
    ID = request.args.get('ID', "")        # 返回 GET 请求参数中的 ID 参数    ②
    action = request.args.get('action', "query")    # 返回 GET 请求参数中的 action 参数
    if request.method == 'POST':           # 判断是否为 POST 请求
        ID = request.form.get('ID', "")        # 返回 POST 请求表单中的 ID 参数    ③
        action = request.form.get('action', "query")    # 返回 POST 请求表单中的 action 参数

    if action.lower() == 'query':          # 判断 action 参数是否为 query
        if ID == "":                       # 判断 ID 参数没有数据
            # 编码 JSON 数组
            json_array = json.dumps(data)
```

```
                      # 将字符串转换为字节序列
                      bytes_data = json_array.encode()                              ④
                      # 将字节序列转换为中文
                      unicode_str = bytes_data.decode("unicode_escape")             ⑤
                      return unicode_str
                  else:
                      for item in data:                    # 循环遍历列表 data 数据
                          if item['ID'] == int(ID):  # 判断字典 ID 与参数 ID 是否相同时
                              # 对 Python 数据进行编码
                              json_obj = json.dumps(item)
                              # 将字符串转换为字节序列
                              bytes_data = json_obj.encode()
                              # 将字节序列转换为中文
                              unicode_str = bytes_data.decode("unicode_escape")
                              return unicode_str
              return "没有数据"
     if __name__ == '__main__':
     app.run()
     …
```

上述代码第①行声明的装饰器可以接收 POST 和 GET 方法请求。

代码第②行中 request. args 可以获得所有请求参数字典，get('ID', "")方法是从参数字典中通过 ID 键取值，如果没有，则返回默认的空字符串""。

代码第③行中 request. form 可以获得表单字典，get('ID', "")方法类似于参数字典，这里不再赘述。

由于 JSON 编码之后，它的编码是 unicode 编码，例如"\u6613\u5b66"编码表示"易学"。因此需要解码为中文，这个过程分为如下两个步骤：

（1）转换字符串为字节序列，见代码第④行。

（2）将字节序列转换为中文，见代码第⑤行。

10.5.4　编写 GUI 客户端测试"我的备忘录"案例

虽然可以通过浏览器测试案例，将返回的 JSON 数据显示到浏览器上，但是这样不友好，可以编写 GUI 客户端测试案例，如图 10-15 所示是通过 Tkinter 提供 Treeview 实现的表格控件展示从服务器返回的数据，事实上这个测试程序与服务器就构成了 C/S 架构的应用程序。

为了使用方便，应该将请求 Web 服务的代码封装到一个模块 notewebservice 中，notewebservice. py 代码如下：

```
# coding = utf - 8
# 10.5.4 测试案例
# 代码文件 notewebservice.py
import json
import urllib. request                               # 导入请求模块
import urllib. parse                                 # 导入解析模块
```

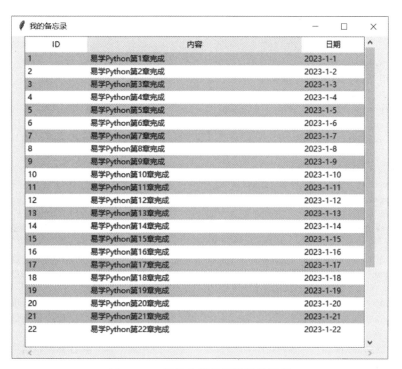

图 10-15 展示从服务器返回的数据

```python
# 声明 URL 网址
URL = "http://127.0.0.1:5000/NoteWebService"


def getalldata():                                                    ①
    """ 请求返回数据 """
    # 准备 HTTP 参数
    params_dict = {'action': 'query'}
    params_str = urllib.parse.urlencode(params_dict)  # 参数字符串编码为 URL 编码
    params_bytes = params_str.encode()                # 字符串转换为字节序列

    req = urllib.request.Request(URL, method = "POST")  # 发送 POST 请求

    jsonstr = None
    # 发送网络请求
    with urllib.request.urlopen(req, data = params_bytes) as response:
        data = response.read()
        jsonstr = data.decode()
        print(jsonstr)

        py_list = json.loads(jsonstr)                 # 编码 JSON 数组,返回 Python 列表对象
        return py_list
```

上述代码第①行封装了一个函数用来请求 Web 服务并返回数据,其他代码参考 10.2.3

节示例，这里不再赘述。

GUI 客户端 10.5.4.py 代码如下：

```python
# coding = utf - 8
# 9.6 使用 Treeview 实现表格控件
# 代码文件 10.5.4.py
import tkinter as tk                                        # 导入 tkinter 模块
from tkinter import ttk                                     # 导入 ttk 模块
import notewebservice as nws                                # 导入自己编写的模块  ①

# 声明表头
column_names = ['ID', '内容', '日期']
# 调用 notewebservice 模块的 getdata()方法返回数据            ②
data = nws.getalldata()
window = tk.Tk()                                            # 创建窗口对象

screenwidth = window.winfo_screenwidth()                    # 计算屏幕宽度
screenheight = window.winfo_screenheight()                  # 计算屏幕高度

width = 600                                                 # 设置屏幕宽度
height = 500                                                # 设置屏幕高度

centerx = (screenwidth - width) // 2                        # 计算窗口居中时 x 轴坐标
centery = (screenheight - height) // 2                      # 计算窗口居中时 y 轴坐标

window.title('我的备忘录')
window.geometry(f'{width}x{height} + {centerx} + {centery}')
table_frame = tk.Frame(window)                              # 创建 Frame 对象
table_frame.pack()
xscroll = tk.Scrollbar(table_frame, orient = tk.HORIZONTAL) # 创建水平滚动条对象
yscroll = tk.Scrollbar(table_frame, orient = tk.VERTICAL)   # 创建垂直滚动条对象

# 创建 Treeview 对象
table = ttk.Treeview(
    master = table_frame,                                   # 父容器
    height = 26,                                            # 设置表格显示的行数
    columns = column_names,                                 # 设置列
    show = 'headings',                                      # 设置控件 Treeview 显示风格
    xscrollcommand = xscroll.set,                           # 设置 x 轴滚动条
    yscrollcommand = yscroll.set,                           # 设置 y 轴滚动条
)

for column in column_names:
    table.heading(column = column, text = column)           # 设置表头

table.column(column = 0, width = 100)                       # 设置书籍编号列宽
table.column(column = 1, width = 340)                       # 设置书籍名称列宽
table.column(column = 2, width = 100)                       # 设置作者列宽

table.tag_configure('even', background = '#ADD8E6')         # 声明表格行奇数行 tag
```

```
table.tag_configure('odd', background = 'white')                                    # 声明表格行偶数行 tag
xscroll.pack(side = tk.BOTTOM, fill = tk.X)
yscroll.pack(side = tk.RIGHT, fill = tk.Y)

table.pack()

# 声明变量保存 data 数据的行索引
index = 0
# 遍历数据 data
for row in data:
    # 声明 my_tag 变量,默认保存为'odd'
    my_tag = 'odd'
    if index % 2 == 0:
        # 如果是奇数保存为'even'
        my_tag = 'even'
    table.insert('', tk.END, values = (row['ID'], row['Content'], row['CDate']), tags = my_tag)
                                                                    # 添加数据到末尾

    # 累计行索引
    index += 1

window.mainloop()
```

上述代码第①行导入自己编写的 notewebservice 模块,其中 nws 是别名。

代码第②行调用 notewebservice 模块的 getdata() 方法返回数据,其他代码不再赘述。

10.6 动手练一练

1. 简述题

简述 HTTP 中 POST 和 GET 方法的不同。

2. 编程题

(1) 设计一个 JSON 文件用于保存 BMI 计算器所生成的数据。

(2) 设计一个 C/S 架构 BMI 计算器,如图 10-16 所示,客户端采用 Python Tkinter 技术实现,服务器端采用 Flask 框架,主要实现了 BMI 计算处理,将计算的结果返回给客户端。

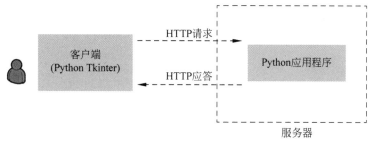

图 10-16 C/S 架构 BMI 计算器

第 11 章

多　线　程

　　一个进程就是一个执行中的程序,而每个进程都有自己独立的一块内存空间和一组系统资源。在进程的概念中,每个进程的内部数据和状态都是完全独立的。

　　线程与进程相似,是一段完成某个特定功能的代码,是程序中单个顺序控制的流程,但与进程不同的是:同类的多个线程共享一块内存空间和一组系统资源。所以系统在各个线程之间切换时,开销要比进程小得多,正因如此,线程被称为轻量级进程。一个进程中可以包含多个线程。

11.1　创建线程

　　Python 多线程编程时主要使用 threading 模块,threading 模块提供了面向对象 API,其中最重要的是线程类 Thread,创建一个线程事实上就是创建 Thread 类或其子类的一个对象。

11.1.1 使用 Thread 类创建线程

如果需求比较简单,可以直接使用 Thread 类创建线程,Thread 类构造方法如下:

threading. Thread(target = None, name = None, args = ( ))

参数说明如下:

(1) target 参数:指定一个线程执行函数。

(2) name 参数:可以设置线程名,如果省略,Python 解释器会为其分配一个名称。

(3) args 参数:是为线程执行函数提供参数,它是一个元组类型。

创建 Thread 线程对象示例代码如下:

```
# coding = utf - 8
# 11.1.1 使用 Thread 类创建线程
import threading                              # 导入 threading 模块
import time                                   # 导入 time 模块


# 线程函数
def thread_fn():                                                              ①
    t = threading.current_thread()            # 获得当前线程对象               ②
    print(f'{t.name}线程执行中...')
    time.sleep(1)                             # 线程休眠 1s                   ③
    print(f'{t.name}线程执行完成。')


if __name__ == '__main__':
    t1 = threading.Thread(target = thread_fn)          # 创建线程对象 t1        ④
    t1.start()                                         # 启动线程 t1
    t2 = threading.Thread(target = thread_fn, name = 'worker')  # 创建线程对象 t2   ⑤
    t2.start()                                         # 启动线程 t2
```

示例代码运行结果如下:

```
Thread - 1 (thread_fn)线程执行中...
worker 线程执行中...
worker 线程执行完成.
Thread - 1 (thread_fn)线程执行完成.
```

上述代码第①行声明的 thread_fn()是线程函数,线程执行时调用该函数,该函数执行结束后,线程执行结束。

代码第②行 current_thread()函数可以获得当前正在执行的线程对象。声明的 thread_fn()是线程函数,线程执行时调用该函数,该函数执行结束后,线程执行结束。

代码第③行通过 time 模块的 sleep()设置休眠时间,线程休眠会阻塞线程,程序会被挂起。

代码第④行创建线程对象 t1,其中线程名为未设置,则由系统自动分配,t1 线程函数是thread_fn。

代码第⑤行创建线程对象 t2,设置线程名为 worker,t2 线程函数也是 thread_fn。

> ◎注意　在为线程构造方法的 target 参数传递实参时，指定线程函数名不能带有小括号，即 target＝thread_fn 形式，而不能使用 target＝thread_fn() 形式。

11.1.2　传递更多的参数

有时需要为线程执行函数传递一些参数，在 Thread 类的构造方法中设置 args 参数，就是为了这个目的而设计的，开发人员可以借助于 args 参数给线程函数传递数据，args 接收的是元组类型，传递的数据是放到元组中。

示例代码如下：

```
# coding = utf - 8
# 11.1.2 传递更多的参数

import threading                                    # 导入 threading 模块
import time                                         # 导入 time 模块


# 线程函数
def thread_fn(sleep_time, message, alist):
    t = threading.current_thread()                  # 获得当前线程对象
    print(f'{t.name}线程执行中...')

    time.sleep(sleep_time)                          # 根据参数设计休眠时间
    print("message = ", message)                    # 打印 message 参数
    print("alist = ", alist)                        # 打印 alist 参数
    print(f'{t.name}线程执行完成。')


if __name__ == '__main__':
    data = [15, 44, 63, 545]
    t1 = threading.Thread(
        target = thread_fn,
        args = (3.5, '来自于 t1 线程的消息', data)      # 设置 args 参数        ①
    )
    t1.start()                                      # 启动线程 t1
```

示例代码运行结果如下：

```
Thread - 1 (thread_fn)线程执行中...
message =  来自于 t1 线程的消息
alist =  [15, 44, 63, 545]
Thread - 1 (thread_fn)线程执行完成.
```

上述代码第①行通过 args 参数传递数据(3.5, '来自于 t1 线程的消息'，data)，注意它是一个元组，它的类型和顺序要与线程函数的参数一一对应，如图 11-1 所示。

```
thread_fn(sleep_time, message, alist):    线程函数

args=(3.5, '来自于t1线程的消息', data)    参数元组
```

图 11-1　参数元组与线程函数的对应

11.1.3　使用 Thread 子类创建线程

另一种实现线程的方式：创建 Thread 子类，并重写 run()函数。

自定义线程类 MyThread 实现代码如下：

```
# coding = utf - 8
# 11.1.3 使用 Thread 子类创建线程
import threading # 导入 threading 模块
import time # 导入 time 模块

class MyThread(threading.Thread):                      ①
    """ 自定义线程类 """
    def __init__(self, name = None):                   ②
        """ 线程类构造方法,name 参数是设置线程名 """
        super().__init__(name = name)
# 重写父类 run()函数
    def run(self):
        """ 线程函数 """
        t = threading.current_thread()
        print(f'{t.name}线程执行中...')
        time.sleep(1) # 线程休眠 1s
        print(f'{t.name}线程执行完成。')

if __name__ == '__main__':
    t1 = MyThread()                    # 通过 MyThread 类创建线程对象 t1
    t1.start() # 启动线程 t1
    t2 = MyThread(name = 'worker')     # 通过 MyThread 类创建线程对象 t2
    t2.start() # 启动线程 t2
```

上述代码第①行声明自定义线程类 MyThread,注意它的父类是 Thread。

代码第②行声明线程类构造函数,线程执行结束。

线程启动后会调用自定义类的 run()函数开始执行线程。

11.2　等待线程结束

在一个程序中,可以同时有多线程执行,在这种情况下,有时某个线程(假设为 X)会依赖另外一个线程(假设为 Y)的执行结果,为了保证数据的安全,X 线程会等待 Y 线程结束再继续执行,Thread 线程类提供了 join()函数可用于实现这个目的。join()函数有如下两种语法格式：

(1) join()函数：一直等待目标线程结束。

（2）join(timeout)函数：等待目标线程 timeout 秒。

使用 join() 函数的示例代码如下：

```
# coding = utf - 8
# 11.2 - 1 等待线程结束
import threading                        # 导入 threading 模块
import time                             # 导入 time 模块


# 声明 value 变量
value = 0



# 线程函数
def task():
    time.sleep(5)
    global value                        # 声明 value 为全局变量
    value += 1                          # 修改 value 变量
    print('Y 线程结束。')



# 创建 Y 线程
ythread = threading.Thread(target = task)
# 开始 Y 线程
ythread.start()
# 等待 Y 线程结束
print('主线程:等待 Y 线程结束...')
ythread.join()                                              ①
# 主线程继续执行
print('主线程:继续执行')
print('value = ', value)
```

示例代码运行结果如下：

```
主线程:等待 Y 线程结束...
Y 线程结束。
主线程:继续执行
value = 1
```

上述代码运行时有两个线程：一个是主线程,另一个是 Y 线程（即 ythread 对象）,主线程依赖于 Y 线程运行结果（修改 value 变量结果）。

代码第①行调用 ythread.join()阻塞当前主线程,等待 Y 线程结束,当 Y 线程结束后,主线程继续执行。从运行结果可见,value 变量被修改为 1。

使用 join(timeout)函数的示例代码如下：

```
# coding = utf - 8
# 11.2 - 2 等待线程结束
import threading                        # 导入 threading 模块
import time                             # 导入 time 模块

# 声明 value 变量
```

```
value = 0


# 线程函数
def task():
    time.sleep(5)
    global value                       # 声明 value 为全局变量
    value += 1                         # 修改 value 变量
    print('Y 线程结束。')


# 创建 Y 线程对象
ythread = threading.Thread(target = task)
# 开始 Y 线程
ythread.start()
# 等待 Y 线程结束
print('主线程:等待 Y 线程结束...')
ythread.join(timeout = 2)             # 设置超时时间为 2s       ①


# 主线程继续执行
print('主线程:继续执行')
print('value = ', value)


# 判断 Y 线程是否处于运行状态
if ythread.is_alive():                                           ②
    print('主线程:Y 线程仍然运行中...')
else:
    print('主线程:Y 线程已经停止。')
```

示例代码运行结果如下:

```
主线程:等待 Y 线程结束...
主线程:继续执行
value = 0
主线程:Y 线程仍然运行中...
Y 线程结束。
```

上述代码第①行设置超时时间为 2s。

代码第②行 is_alive() 方法可以用来判断线程是否处于运行状态。

从运行结果可见 value 变量没有被修改,这是因为在主线程没有等到线程 Y 结束,就不再等待了,因此 value 变量没有被修改。

11.3　线程同步

在多线程环境下,访问相同的资源,有可能会引发线程不安全问题。本节讨论引发这些问题的根源和解决方法。

微课视频

11.3.1 线程不安全问题

如果多个线程同时修改相同的资源（变量），结果是不可预知的，示例代码如下：

```
# coding = utf - 8

# 11.3.1 线程不安全问题

import time
import threading

# 共享变量
counter = 0


def increase(by):
    """ 增量函数,by 参数增量值 """
    global counter
    # 声明本地变量 local_counter
    local_counter = counter
    local_counter += by

    time.sleep(1)          # 休眠 1s
    # 把本地变量 local_counter 赋值给全局变量 counter
    counter = local_counter
    print(f'counter = {counter}\n')


# 创建线程
t1 = threading.Thread(target = increase, args = (10,))     ①
t2 = threading.Thread(target = increase, args = (20,))     ②

# 开始线程
t1.start()
t2.start()

# 等待 t1 和 t2 线程完成
t1.join()
t2.join()

print(f'counter 最终值: {counter}')
```

示例代码运行结果如下：

```
counter = 20
counter = 10
counter 最终值: 10
```

上述代码第①行创建线程对象 t1,给线程函数 increase 传递参数是元组(10,)。
代码第②行创建线程对象 t2,给线程函数 increase 传递参数是元组(20,)。

从运行结果可见,counter 变量值是由最后结束的那个线程所决定的,这就是线程不安全问题。

11.3.2 线程互斥锁

为保证线程的安全,在修改资源(变量)时,可以给资源加上一把"锁",它可以保证在同一时刻,只能有一个线程访问资源,这就是线程同步。

为了实现线程同步,threading 模块提供了 Lock(互斥锁)对象,通过 Lock 对象的 acquire() 方法可以加锁,通过 Lock 对象的 release()方法可以解锁。

线程互斥锁的示例代码如下:

```
# coding = utf - 8
# 11.3.2 线程互斥锁
import time
import threading

# 共享变量

counter = 0

def increase(by, lock):                                     ①
    """ 增量函数,by 参数增量值 """
    global counter

    lock.acquire()                          # 加锁      ②

    # 声明本地变量 local_counter
    local_counter = counter
    local_counter += by

    time.sleep(1)                           # 休眠 1s
    # 把本地变量 local_counter 赋值给全局变量 counter
    counter = local_counter
    print(f'counter = {counter}\n')
    lock.release()                          # 解锁      ③

lock =  threading.Lock()                    # 声明互斥锁  ④

# 创建线程
t1 = threading.Thread(target = increase, args = (10, lock))
t2 = threading.Thread(target = increase, args = (20, lock))

# 开始线程
t1.start()
t2.start()

# 等待 t1 和 t2 线程完成
t1.join()
```

```
t2.join()
```

```
print(f'counter 最终值：{counter}')
```

示例代码运行结果如下：

```
counter = 10
```

```
counter = 30
```

```
counter 最终值：30
```

上述代码第①行声明的 increase(by，lock) 方法可以接受互斥锁对象。

代码第②行和第③之间代码被同步了，同一时刻，只能由一个线程访问。

代码第④行声明互斥锁对象。

从上述代码运行结果可见，变量 counter 最终值是 30，这是正确的。

11.4 动手练一练

1. 判断题

（1）一个进程就是一个执行中的程序，而每个进程都有自己独立的一块内存空间、一组系统资源。（   ）

（2）在主线程中调用 t1 线程的 join() 方法，则阻塞 t1 线程，等待主线程结束。（   ）

（3）"互斥锁"可以保证任一时刻只能由一个线程访问资源对象。（   ）

2. 编程题

首先编写一个 Web 服务器端程序，能够向客户端返回 JSON 数据，然后再编写一个多线程的客户端程序，通过一个子线程每个小时请求一次数据，并进行解析这些数据。

第 12 章

MySQL 数据库编程

程序访问数据库也是 Python 开发中重要的技术之一,由于 MySQL 数据库应用非常广泛,因此本章介绍如何通过 Python 访问 MySQL 数据库,另外,考虑到没有 MySQL 基础的读者,本章还介绍了 MySQL 的安装和基本管理。

12.1 MySQL 数据库管理系统

微课视频

MySQL 是流行的开放源代码的数据库管理系统,是 Oracle 旗下的数据库产品。目前 Oracle 提供了多个 MySQL 版本,其中 MySQL Community Edition(社区版)是免费的,该版本比较适合中小企业数据库,本书也对这个版本进行介绍。

MySQL 社区版安装文件下载如图 12-1 所示,可以选择不同的平台版本,MySQL 可在 Windows、Linux 和 UNIX 等操作系统上安装和运行,读者根据自己的情况选择不同平台安装文件下载。

12.1.1 安装 MySQL8 数据库

笔者计算机的操作系统是 Windows 10 64 位,下载的离线安装包,文件是 mysql-installer-community-8.0.26.0.msi,双击该文件即可安装。

图 12-1　MySQL 社区版安装文件下载

MySQL8 数据库安装过程如下：

1. 选择安装类型

安装过程中首先选择安装类型，如图 12-2 所示，该对话框可以让开发人员选择安装类型，如果是为了学习 Python 而使用的数据库，则推荐选中 Server only，即只安装 MySQL 服务器，不安装其他的组件。

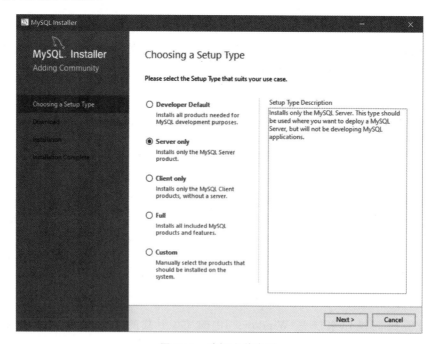

图 12-2　选择安装类型

在图 12-2 所示的对话框中,单击 Next 按钮进入如图 12-3 所示的对话框。

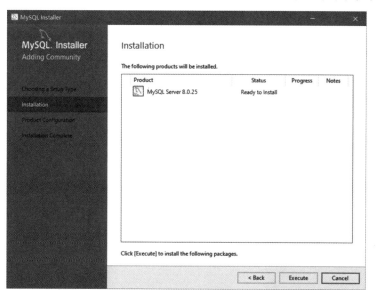

图 12-3 安装

然后单击 Execute 按钮,开始执行安装。

2. 配置安装

安装完成后,还需要进行必要的配置过程,其中重要的两个步骤如下:

(1) 配置网络通信端口,如图 12-4 所示,默认通信端口是 3306,如果没有端口冲突,建议不用修改。

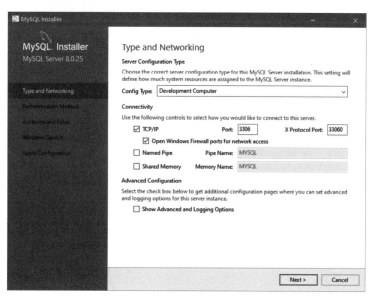

图 12-4 配置网络通信端口

（2）配置密码，如图 12-5 所示，配置过程可以为 root 用户设置密码，根据需要也可以添加其他普通用户。

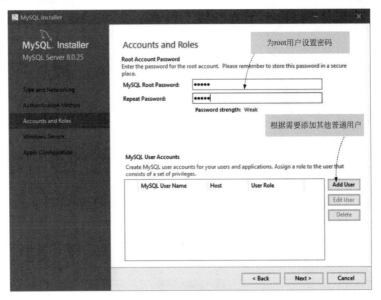

图 12-5　配置密码

3. 配置 Path 环境变量

为了使用方便，笔者推荐把 MySQL 安装路径添加到 Path 环境变量中，如图 12-6 所示打开 Windows"环境变量"设置对话框。

图 12-6　"环境变量"对话框

双击 Path 环境变量,弹出"编辑环境变量"对话框如图 12-7 所示,在此对话框中添加 MySQL 安装路径。

图 12-7　编辑环境变量

12.1.2　客户端登录服务器

如果 MySQL 服务器安装好了,即可使用。使用 MySQL 服务器首先是通过客户端登录服务器。登录服务器可以使用命令提示符窗口(macOS 和 Linux 终端窗口)或 GUI(图形用户界面)工具登录 MySQL 数据库,笔者推荐使用命令提示符窗口登录,下面介绍命令提示符窗口登录过程。

使用命令提示符窗口登录服务器完整的指令如下:

```
mysql -h 主机 IP 地址(主机名) -u 用户 -p
```

其中-h、-u、-p 是参数,说明如下:

(1) -h:是要登录的服务器主机名或 IP 地址,可以是远程的一个服务器主机。注意-h 后面可以没有空格。如果是本机登录可以省略。

(2) -u:是登录服务器的用户,这个用户一定是数据库中存在的,并且具有登录服务器的权限。注意-u 后面可以没有空格。

（3）-p：是用户对应的密码，可以直接在-p后面输入密码，也可以按回车键后再输入密码。

如图12-8所示是mysql指令登录本机服务器。

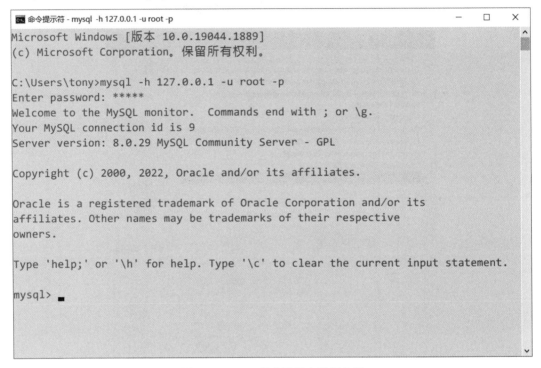

图12-8　mysql指令登录本机服务器

微课视频

12.1.3　常见的管理命令

通过命令行客户端管理MySQL数据库，需要了解一些常用的命令。

1. help

第一个应该熟悉的就是help命令，help命令能够列出MySQL其他命令的帮助信息。在命令行客户端中输入help，不需要分号结尾，直接按回车键，如图12-9所示。这里都是MySQL的管理命令，这些命令大部分不需要分号结尾。

2. 退出命令

从命令行客户端中退出，可以在命令行客户端中使用quit或exit命令，如图12-10所示。这两个命令也不需要分号结尾。

3. 查看数据库

查看数据库可以使用show databases;命令，如图12-11所示，注意该命令后面是以分号结尾。

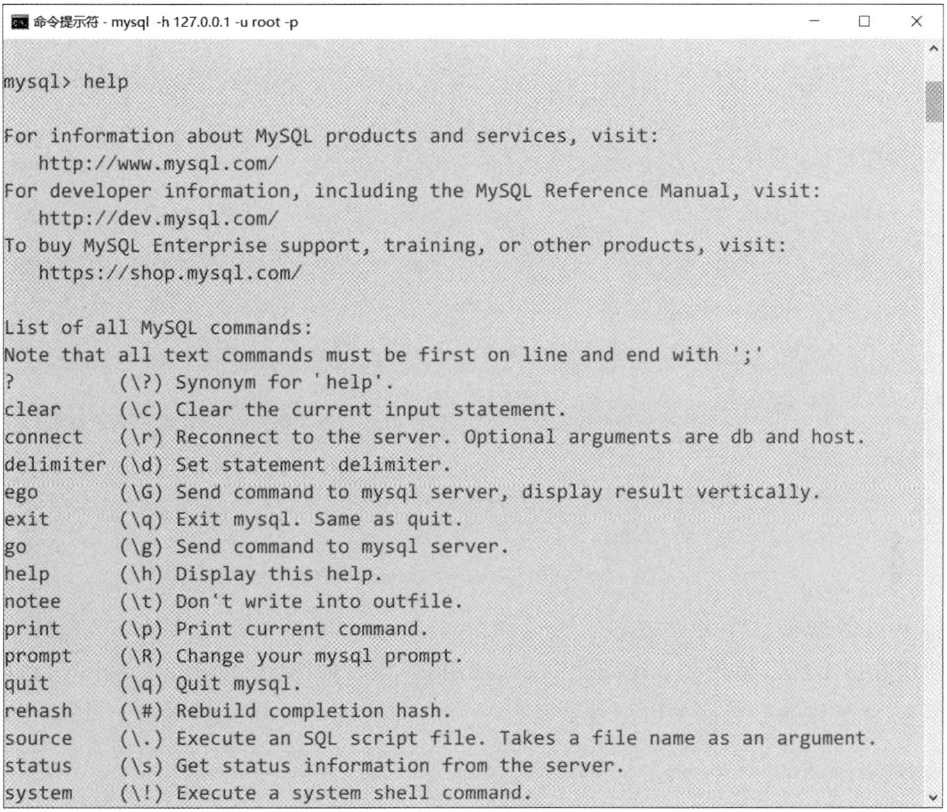

图 12-9 使用 help 命令

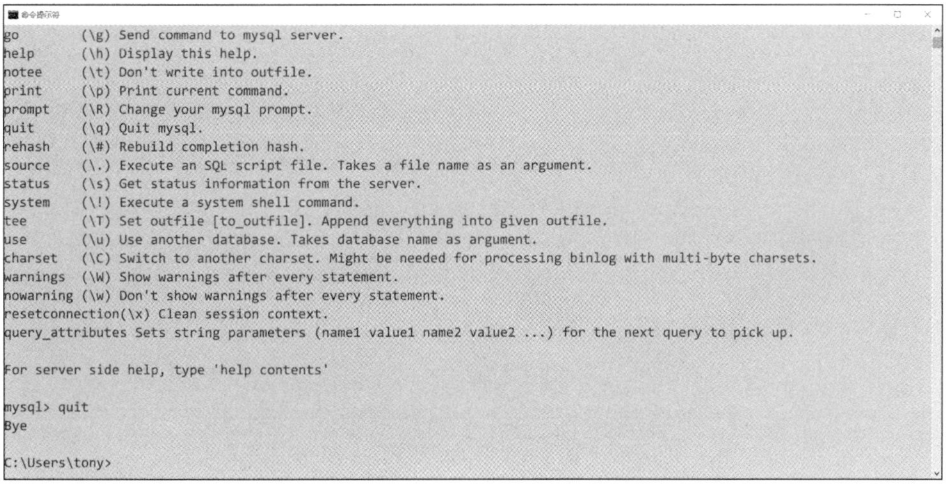

图 12-10 使用 quit 或 exit 命令

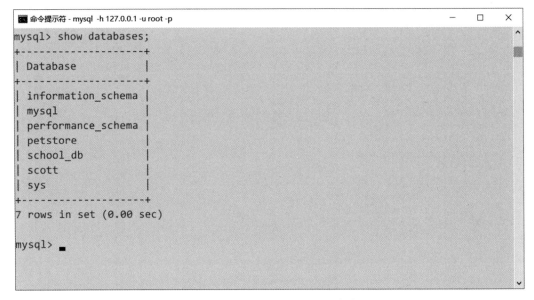

图 12-11　使用 show databases;命令

4. 创建数据库

创建数据库可以使用 create database testdb; 命令，如图 12-12 所示，testdb 是自定义数据库名，注意该命令后面是以分号结尾。

```
命令提示符 - mysql -h 127.0.0.1 -u root -p                              —    □    ×
+-------------------+
| information_schema |
| mysql              |
| performance_schema |
| petstore           |
| school_db          |
| scott              |
| sys                |
+-------------------+
7 rows in set (0.00 sec)

mysql> create database testdb;
Query OK, 1 row affected (0.00 sec)

mysql>
```

图 12-12　使用 create database testdb;命令

想要删除数据库可以使用 drop database testdb; 命令，如图 12-13 所示，testdb 是数据库名，注意该命令后面是以分号结尾。

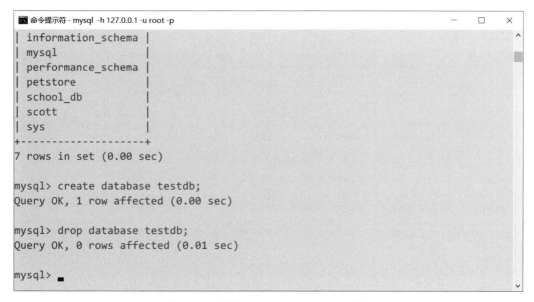

图 12-13　使用 drop database testdb；命令

5. 查看有多少个数据表

查看有多少个数据表可以使用 show tables；命令，如图 12-14 所示，注意该命令后面是以分号结尾。一个服务器中有很多数据库，应该先使用 use 选择数据库。

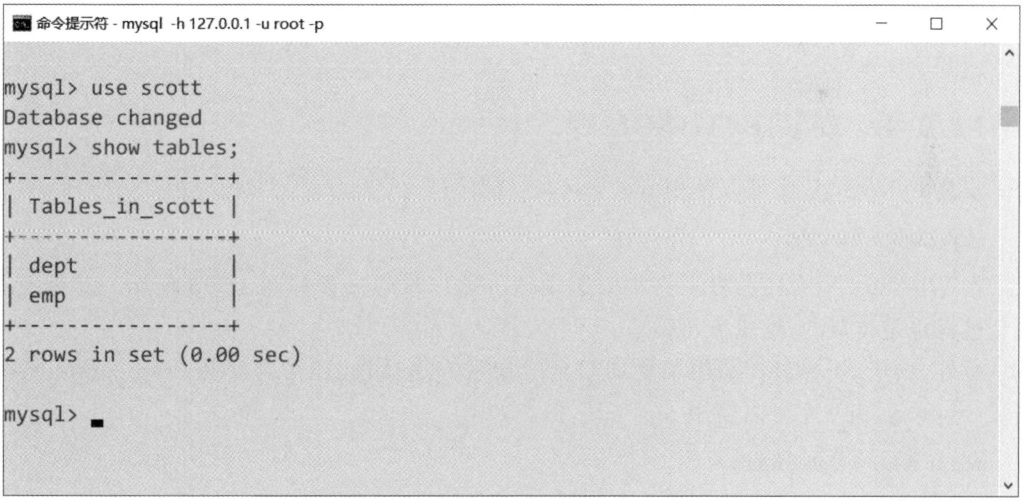

图 12-14　可以使用 show tables；命令

6. 查看表结构

知道了有哪些表后，还需要查看表结构，可以使用 desc 命令，如图 12-15 所示，注意该命令后面是以分号结尾。

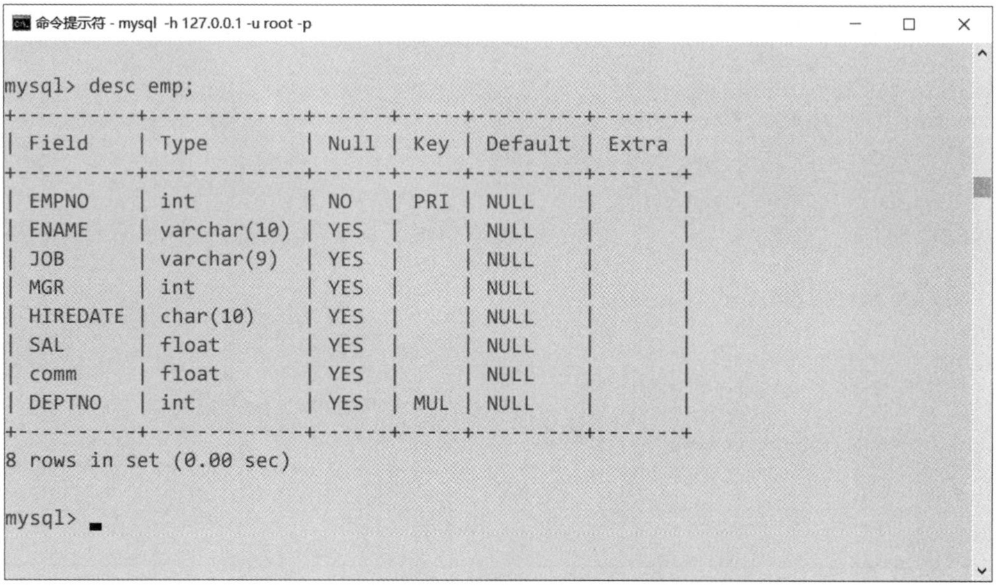

图 12-15　使用 desc 命令

12.2　编写 Python 程序访问 MySQL 数据库

Python 程序访问 MySQL 数据库需要借助于第三方库，本书推荐使用 PyMySQL 库访问 MySQL 数据库。

12.2.1　安装 PyMySQL 库

安装 PyMySQL 库可以使用 pip 工具，指令如下：

`pip install PyMySQL`

在 Windows 平台命令提示符中安装 PyMySQL 库的过程如图 12-16 所示。其他平台安装过程也是类似的，这里不再赘述。

另外，由于 MySQL8 采用了更加安全的加密方法，因此还需要安装 cryptography 库。安装 cryptography 库可以使用 pip 工具，指令如下：

`pip install cryptography`

在 Windows 平台命令提示符中安装 cryptography 库的过程如图 12-17 所示。其他平台安装过程也是类似的，这里不再赘述。

12.2.2　访问数据库一般流程

访问数据库操作分为两大类：查询数据和修改数据。

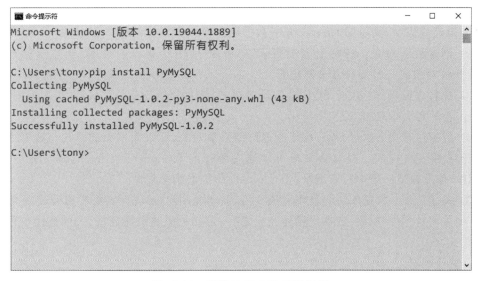

图 12-16　安装 PyMySQL 库的过程

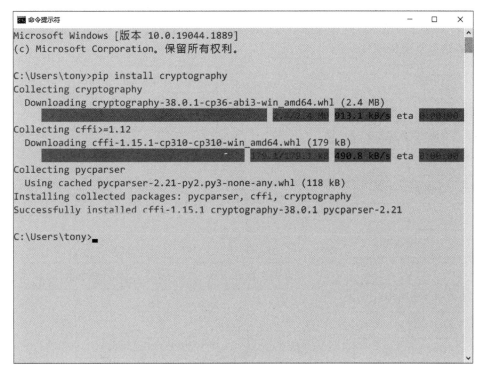

图 12-17　安装 cryptography 库的过程

1．查询数据

查询数据就是通过 Select 语句查询数据库，其流程如图 12-18 所示，步骤如下：

（1）建立数据库连接：访问数据库首先是进行数据库连接。建立数据库连接可以通过

PyMySQL 库提供的 connect(parameters...)方法实现,该方法根据 parameters 参数连接数据库,如果连接成功,则返回 Connection(数据库连接)对象。

（2）创建游标对象：游标是暂时保存了 SQL 操作所获得的数据,创建游标是通过 Connection 对象的 cursor()方法创建的。

（3）执行查询操作：执行 SQL 操作是通过游标对象的 execute(sql)方法实现的,其中参数 sql 表示要执行 SQL 语句字符串。

（4）提取结果集：执行 SQL 操作会返回结果集对象,结果集对象的结构与数据库表类似,由记录和字段构成。提取结果集可以通过游标的 fetchall()或 fetchone()方法实现：fetchall()是提取结果集中所有记录；fetchone()是提取结果集中一条记录。

（5）关闭游标：数据库游标使用完成之后,需要关闭游标,关闭游标可以释放资源。

（6）关闭数据库连接：数据库操作完成之后,需要关闭数据库连接,关闭连接也可以释放资源。

2. 修改数据

修改数据就是通过 Insert、Update 和 Delete 等语句,其流程如图 12-19 所示,修改数据与查询数据流程类似,也有 6 个步骤。但是修改数据时,如果执行 SQL 操作成功,则需要提交数据库事务；如果失败,则需要回滚数据库事务。另外,修改数据时,不会返回结果集,也就不能从结果集中提取数据。

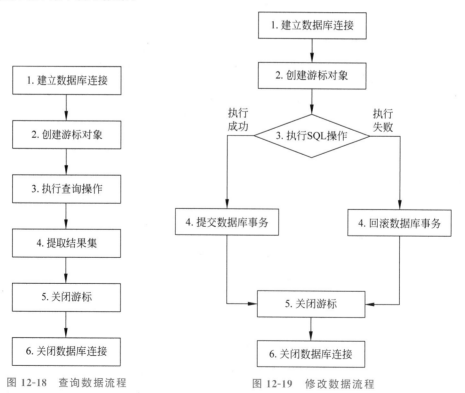

图 12-18　查询数据流程　　　　　图 12-19　修改数据流程

📺提示 数据库事务通常包含了多个对数据库的读/写操作，这些操作是有序的。如果事务被提交给了数据库管理系统，则数据库管理系统需要确保该事务中的所有操作都成功完成，结果被永久保存在数据库中。如果事务中有的操作没有成功完成，则事务中的所有操作都需要被回滚，回到事务执行前的状态。

12.3 案例1：员工表增加、删除、修改、查询操作

数据库增加、删除、修改、查询操作包括对数据库表中数据的插入、删除、更新和查询等，本节通过一个案例让读者熟悉如何通过 Python 语言实现这些操作。

12.3.1 创建员工表

微课视频

首先在 scott_db 数据库中创建员工(emp)表，员工表结构如表 12-1 所示。

表 12-1 员工表结构

字 段 名	类 型	是否可以为 Null	主 键	说 明
EMPNO	int	否	是	员工编号
ENAME	varchar(10)	否	否	员工姓名
JOB	varchar(9)	是	否	职位
HIREDATE	char(10)	是	否	入职日期
SAL	float	是	否	工资
DEPT	varchar(10)	是	否	所在部门

创建员工表的数据库脚本 createdb.sql 文件内容如下：

```
-- 创建员工表

create table EMP
(
    EMPNO       int not null,      -- 员工编号
    ENAME       varchar(10),       -- 员工姓名
    JOB         varchar(9),        -- 职位
    HIREDATE    char(10),          -- 入职日期
    SAL         float,             -- 工资
    DEPT        varchar(10),       -- 所在部门
    primary key (EMPNO)
```

12.3.2 插入员工数据

微课视频

为了减少代码冗余，可以将员工数据插入、更新、删除和查询封装在 access_db 模块中，access_db.py 中插入员工数据相关代码如下：

```
# 代码文件：access_db.py
```

```
# coding = utf - 8
# access_db 模块实现数据的插入、更新、删除和查询

import pymysql                                          # 导入 pymysql 模块

def insertdata():
""" 插入数据函数
    12.3.2 插入员工数据
    """
    connection = None                                   # 声明数据库连接
    try:
        # 1.建立数据库连接
        connection = pymysql.connect(host = '127.0.0.1',     # 数据库主机名或 IP 地址
                                     user = 'root',           # 数据库账号
                                     password = '12345',      # 数据库账号密码
                                     database = 'scott_db',   # 访问数据库中的库名
                                     charset = 'utf8')        # 配置数据库字符串集,utf8 表
                                                              # 示字符集是 utf - 8 编码

        # 2.创建游标对象
        with connection.cursor() as cursor:                      # 使用 with 代码块管理游标对象
            # 准备 SQL 语句
            sql = '''
                    INSERT INTO emp (EMPNO,ENAME,JOB,HIREDATE,SAL,DEPT)
                    VALUES ( % s, % s, % s, % s, % s, % s);        ①
                '''
            # 准备 SQL 语句所需要的数据
            parameter = (8000, '刘备', '经理', '1981 - 2 - 20②
                        16000,
                        '总经理办公室')
            # 3.执行 SQL 操作
            cursor.execute(sql, parameter)
            # 4.提交数据库事务
            connection.commit()
            print('插入数据成功.')
    # 5.关闭游标, 如果 with 代码块结束,则自定关闭游标

    # 捕获数据库异常
    except pymysql.DatabaseError as e:                       ③
        # 打印异常信息
        print(e)
        print('插入数据失败!')
        # 4.回滚数据库事务
        connection.rollback()
    finally:
        # 6.关闭数据库连接
        connection.close()
```

上述代码第①行中 %s 表示 SQL 语句占位符,运行时,由实际的参数替换。执行 SQL 语句时,需要为占位符绑定实际参数,这些参数按照占位符顺序放到一个列表或元组中,见

代码第②行的 parameter 变量，它是一个元组类型。

代码第③行捕获数据库异常，其中 e 是异常对象。

12.3.3　更新员工数据

微课视频

更新员工数据与插入员工数据类似，区别只是 SQL 语句不同，access_db 模块中，更新员工数据相关代码如下：

```
# 代码文件:access_db.py
...
def updatedata():
    """
    更新数据函数
    12.3.3 更新员工数据
    """

    connection = None                                  # 声明数据库连接
    try:
        # 1.建立数据库连接
        connection = pymysql.connect(host = '127.0.0.1',   # 数据库主机名或 IP 地址
                                user = 'root',         # 数据库账号
                                password = '12345',    # 数据库账号密码
                                database = 'scott_db', # 访问数据库中的库名
                charset = 'utf8') # 配置数据库字符串集,uft8 表示字符集是 utf-8 编码

        # 2.创建游标对象
        with connection.cursor() as cursor:               # 使用 with 代码块管理游标对象
            # 准备 SQL 语句
            sql = '''
                UPDATE emp SET
                ENAME = % s,
                JOB = % s,
                HIREDATE = % s,
                SAL = % s,
                DEPT = % s
                WHERE EMPNO = % s
            '''

            # 准备 SQL 语句所需要的数据
            parameter = ['诸葛亮', '军师', '1981 - 5 - 20', 8600, '参谋部', 8000)]     ①
            # 3.执行 SQL 操作
            cursor.execute(sql, parameter)
            # 4.提交数据库事务
            connection.commit()
            print('更新数据成功。')
        # 5.关闭游标, 如果 with 代码块结束,则自定关闭游标

    # 捕获数据库异常
    except pymysql.DatabaseError as e:
        # 打印异常信息
```

```
        print(e)
        print('更新数据失败!')
        # 4.回滚数据库事务
        connection.rollback()
    finally:
        # 6. 关闭数据库连接
        connection.close()
```

比较更新和插入数据代码，可见只是 SQL 语句不同而已，当然绑定参数也不同。注意
代码第①行提供的参数 parameter 是放到列表中的。

12.3.4 删除员工数据

删除员工数据也与更新员工数据和插入员工数据类似，只是 SQL 语句不同，access_db
模块中，删除员工数据相关代码如下：

```
# 代码文件:access_db.py

def deletedata():
    """ 删除数据函数
    12.3.4 删除员工数据
    """
    connection = None                                        # 声明数据库连接
    try:
        # 1.建立数据库连接
        connection = pymysql.connect(host = '127.0.0.1',      # 数据库主机名或 IP 地址
                                    user = 'root',            # 数据库账号
                                    password = '12345',       # 数据库账号密码
                                    database = 'scott_db',    # 访问数据库中的库名
              charset = 'utf8')  # 配置数据库字符串集,uft8 表示字符集是 utf-8 编码

        # 2.创建游标对象
        with connection.cursor() as cursor:     # 使用 with 代码块管理游标对象
            # 准备 SQL 语句
            sql = 'DELETE FROM emp WHERE EMPNO = % s'

            # 3.执行 SQL 操作
            cursor.execute(sql, [8000])                                        ①
            # 4.提交数据库事务
            connection.commit()
            print('删除数据成功。')
        # 5.关闭游标, 如果 with 代码块结束,则自定关闭游标

    # 捕获数据库异常
    except pymysql.DatabaseError as e:
        # 打印异常信息
        print(e)
        print('删除数据失败!')
        # 4.回滚数据库事务
        connection.rollback()
```

```
finally:
    # 6. 关闭数据库连接
    connection.close()
```

　　注意上述代码第①行传递给 SQL 的参数 8000 是单个数值，由于参数是单个数值，因此不需要把参数放到列表或元组中。

12.3.5　查询所有员工数据

微课视频

　　查询所有员工数据与插入、删除和更新员工数据有所不同，查询需要提取结果集，提取结果集时，如果只有一条记录返回，则可以使用游标的 fetchone() 函数；如果返回多条记录，则可以使用游标的 fetchall() 函数。

　　access_db 模块中，查询所有员工数据相关代码如下：

```
# 代码文件：access_db.py
…

def findall():
    """查询所有函数
    12.3.5 查询所有员工数据
    """
    connection = None                                      # 声明数据库连接
    try:
        # 1. 建立数据库连接
        connection = pymysql.connect(host = '127.0.0.1',   # 数据库主机名或 IP 地址
                                    user = 'root',          # 数据库账号
                                    password = '12345',     # 数据库账号密码
                                    database = 'scott_db',  # 访问数据库中的库名
                        charset = 'utf8') # 配置数据库字符串集，utf8 表示字符集是 utf-8 编码

        # 2. 创建游标对象
        with connection.cursor() as cursor:      # 使用 with 代码块管理游标对象
            # 准备 SQL 语句
            sql = 'SELECT EMPNO,ENAME,JOB,HIREDATE,SAL,DEPT FROM emp'

            # 3. 执行 SQL 操作
            cursor.execute(sql)
            # 4. 提取结果集
            resultset = cursor.fetchall()
            # 遍历结果集
            for row in resultset:
                print(f'员工编号：{row[0]}，姓名：{row[1]}，{row[2]}，
{row[3]}，{row[4]}，{row[5]}。')

        # 5. 关闭游标，如果 with 代码块结束，则自定关闭游标

    # 捕获数据库异常
    except pymysql.DatabaseError as e:
        # 打印异常信息
```

```
            print(e)
            print('查询数据失败!')
        finally:
            # 6. 关闭数据库连接
            connection.close()
```

12.3.6 按照员工编号查询数据

access_db 模块中,查询所有数据相关代码如下:

```
# 代码文件:access_db.py
…


def findbyid(id):
    """ 通过 id 查询数据函数
    12.3.6 按照员工编号查询数据
    """
    connection = None                                    # 声明数据库连接
    try:
        # 1.建立数据库连接
        connection = pymysql.connect(host = '127.0.0.1',   # 数据库主机名或 IP 地址
                                     user = 'root',          # 数据库账号
                                     password = '12345',     # 数据库账号密码
                                     database = 'scott_db',  # 访问数据库中的库名
                                     charset = 'utf8')       # 配置数据库字符串集,utf8 表
                                                             # 示字符集是 utf-8 编码

        # 2.创建游标对象
        with connection.cursor() as cursor:       # 使用 with 代码块管理游标对象
            # 准备 SQL 语句
            sql = 'SELECT EMPNO,ENAME,JOB,HIREDATE,SAL,DEPT FROM emp WHERE EMPNO = % s'

            # 3.执行 SQL 操作
            cursor.execute(sql, id)
            # 4.提取结果集
            resultset = cursor.fetchone()
            # 遍历结果集
            # 如果结果集非空:
            if resultset:
                print(
                    f'员工编号:{resultset[0]},员工姓名:{resultset[1]},{resultset[2]},
                                {resultset[3]},{resultset[4]},{resultset[5]}。')
        # 5.关闭游标, 如果 with 代码块结束, 则自定关闭游标
        # 捕获数据库异常
    except pymysql.DatabaseError as e:
        # 打印异常信息
        print(e)
        print('查询数据失败!')
    finally:
        # 6. 关闭数据库连接
        connection.close()
```

12.4 案例 2：简单的 CRUD 应用

12.3 节案例 1 中的界面不是很友好，本节重构案例 1，使用 GUI 界面如图 12-20 所示，操作步骤如下：

（1）用户单击"查询"按钮会查询员工表中所有数据，查询出的数据展示在右侧表格中。

（2）当用户选中表格中的一行数据时，选中的数据会填充在左边表单字段中。

（3）当用户在左边表单字段中输入数据后，可以单击对应的按钮实现数据的插入、更新和删除等操作，操作消息会显示在消息提示标签中，如果成功，则会显示绿色文字，如果失败，则会采用红色显示。

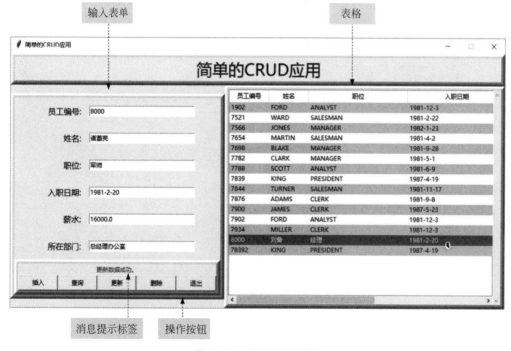

图 12-20 使用 GUI 界面

12.4.1 重构数据库操作模块

为了实现该案例，则需要重构 12.3 节案例 1 中的 access_db 模块，修改后的模块为 access_db2，access_db2.py 代码如下：

微课视频

```
# coding = utf - 8
# 代码文件：access_db2.py
# access_db 模块实现数据的插入、更新、删除和查询

import pymysql                                    # 导入 pymysql 模块
```

```
def getconnection():                                              ①
    """ 建立数据库连接 """
    # 建立数据库连接
    conn = pymysql.connect(host = '127.0.0.1',        # 数据库主机名或 IP 地址
                           user = 'root',             # 数据库账号
                           password = '12345',        # 数据库账号密码
                           database = 'scott_db',     # 访问数据库中的库名
              charset = 'utf8')  # 配置数据库字符串集,utf8 表示字符集是 utf - 8 编码
    return conn


def insertdata(data):                                             ②
    """ 插入数据函数 """

    connection = None                                 # 声明数据库连接
    try:
        # 建立数据库连接
        connection = getconnection()
        # 创建游标对象
        with connection.cursor() as cursor:           # 使用 with 代码块管理游标对象
            # 准备 SQL 语句
            sql = '''
                    INSERT INTO emp (EMPNO,ENAME,JOB,HIREDATE,SAL,DEPT)
                    VALUES (% s, % s, % s, % s, % s, % s);
                '''
            parameter = (data['EMPNO'], data['ENAME'],
        data['JOB'], data['HIREDATE'], data['SAL'], data['DEPT'])
            # 执行 SQL 操作
            cursor.execute(sql, parameter)
            # 提交数据库事务
            connection.commit()
            print('插入数据成功。')
    # 捕获数据库异常
    except pymysql.DatabaseError as e:
        # - 1 表示插入失败
        return - 1                                                ③
        print('插入数据失败!')
        # 回滚数据库事务
        connection.rollback()
    finally:
        # 关闭数据库连接
        connection.close()

    return 0                                                      ④
    # 0 表示插入成功


def updatedata(data):                                             ⑤
    """ 更新数据函数 """
```

```python
    connection = None                               # 声明数据库连接
    try:
        # 建立数据库连接
        connection = getconnection()

        # 创建游标对象
        with connection.cursor() as cursor:
            # 准备 SQL 语句
            sql = '''
                UPDATE emp SET
                ENAME = %s,
                JOB = %s,
                HIREDATE = %s,
                SAL = %s,
                DEPT = %s
                WHERE EMPNO = %s
            '''

            parameter = (data['ENAME'], data['JOB'], data['HIREDATE'],
                data['SAL'], data['DEPT'], data['EMPNO'])
            # 执行 SQL 操作
            cursor.execute(sql, parameter)
            # 提交数据库事务
            connection.commit()
            print('更新数据成功。')
    # 捕获数据库异常
    except pymysql.DatabaseError as e:
        # -1 表示更新失败
        return -1
        print('更新数据失败!')
        # 回滚数据库事务
        connection.rollback()
    finally:
        # 关闭数据库连接
        connection.close()

    return 0
    # 0 表示更新成功


def deletedata(id):                                 ⑥
    """ 删除数据函数 """
    connection = None                               # 声明数据库连接
    try:
        # 建立数据库连接
        connection = getconnection()
        # 创建游标对象
        with connection.cursor() as cursor:         # 使用 with 代码块管理游标对象
            # 准备 SQL 语句
```

```
            sql = 'DELETE FROM emp WHERE EMPNO = % s'

            # 3.执行 SQL 操作
            cursor.execute(sql, id)
            # 4.提交数据库事务
            connection.commit()
            print('删除数据成功。')
        # 5.关闭游标, 如果 with 代码块结束,则自定关闭游标

    # 捕获数据库异常
    except pymysql.DatabaseError as e:

        return - 1
        # - 1 表示删除失败
        print('删除数据失败!')
        # 回滚数据库事务
        connection.rollback()
    finally:
        # 关闭数据库连接
        connection.close()

    return 0
    # 0 表示删除成功


def findall():                                                          ⑦
    """ 查询所有函数 """
    connection = None                              # 声明数据库连接
    try:
        # 建立数据库连接
        connection = getconnection()
        # 创建游标对象
        with connection.cursor() as cursor:        # 使用 with 代码块管理游标对象
            # 准备 SQL 语句
            sql = 'SELECT EMPNO,ENAME,JOB,HIREDATE,SAL,DEPT FROM emp'

            # 执行 SQL 操作
            cursor.execute(sql)

            # 提取结果集
            resultset = cursor.fetchall()
            # 声明返回数据列表对象
            datas = []

            # 遍历结果集
            for row in resultset:
                # 声明返回表中一行数据,它是一个字典对象
                rowdict = {}
                rowdict['EMPNO'] = row[0]
                rowdict['ENAME'] = row[1]
```

```
        rowdict['JOB'] = row[2]
        rowdict['HIREDATE'] = row[3]
        rowdict['SAL'] = row[4]
        rowdict['DEPT'] = row[5]

        datas.append(rowdict)

        print(f'员工编号:{row[0]},员工姓名:{row[1]},{row[2]},
        {row[3]},{row[4]},{row[5]}。')
```

```
    # 捕获数据库异常
    except pymysql.DatabaseError as e:
        # 打印异常信息
        print(e)
        print('查询数据失败!')
    finally:
        # 关闭数据库连接
        connection.close()
        return datas
```

上述代码第①行声明 getconnection()用于建立数据库连接函数。

代码第②行声明 insertdata()函数用于插入连接,其中 data 是用于插入参数,它是一种字典类型。代码第③行是在插入数据失败时,返回−1。代码第④行是在插入数据失败时,返回 0。代码第⑤行声明 updatedata()函数用于更新数据,其中 data 是用于插入参数,它是一种字典类型。

代码第⑥行声明 deletedata()函数用于更新数据,其中 id 是删除数据参数主键。

代码第⑦行声明 findall()函数用于查询所有数据,该函数返回的数据是一个列表对象 datas,datas 中的元素是字典对象,它用来保存数据表中的一行数据。

12.4.2 创建窗口

微课视频

下面介绍如何创建窗口,12.4.py 代码如下:

```
# 代码文件:12.4.py
# coding = utf-8
# 12.4 案例2 简单的 CRUD 应用

import tkinter as tk                        # 导入 tkinter 模块
from tkinter import ttk, messagebox         # 导入 ttk 模块

import access_db2 as db

window = tk.Tk()
window.title("简单的 CRUD 应用")

screenwidth = window.winfo_screenwidth()
screenheight = window.winfo_screenheight()
width = 1000
```

```
height = 500
centerx = (screenwidth - width) // 2          # 计算窗口居中时 x 轴坐标
centery = (screenheight - height) // 2         # 计算窗口居中时 y 轴坐标
window.geometry(f'{width}x{height} + {centerx} + {centery}')
# 设置窗口大小固定
window.resizable(0, 0)
...


# ============ 准备绑定变量 =========================================
EMPNO = tk.StringVar()
ENAME = tk.StringVar()
JOB = tk.StringVar()
SAL = tk.StringVar()
HDATE = tk.StringVar()
DEPT = tk.StringVar()


# ============ 窗口 Frame =========================================
Top = tk.Frame(window, width = 500, height = 50, bd = 8, relief = "raise")
Top.pack(side = tk.TOP)
Left = tk.Frame(window, width = 800, height = 500, bd = 8, relief = "raise")
Left.pack(side = tk.LEFT)
Right = tk.Frame(window, width = 800, height = 500, bd = 8, relief = "raise")
Right.pack(side = tk.RIGHT, fill = tk.X)
Forms = tk.Frame(Left, width = 800, height = 450)
Forms.pack(side = tk.TOP)
Buttons = tk.Frame(Left, width = 300, height = 50, bd = 8, relief = "raise")
Buttons.pack(side = tk.BOTTOM)


# ============ 创建标签控件 =========================================
txt_title = tk.Label(Top, width = 900, font = ('微软雅黑', 24), text = '简单的 CRUD 应用')
txt_title.pack()
txt_empno = tk.Label(Forms, text = "员工编号:", font = ('微软雅黑', 12), bd = 15)
txt_empno.grid(row = 0, stick = "e")
txt_ename = tk.Label(Forms, text = "姓名:", font = ('微软雅黑', 12), bd = 15)
txt_ename.grid(row = 1, stick = "e")
txt_job = tk.Label(Forms, text = "职位:", font = ('微软雅黑', 12), bd = 15)
txt_job.grid(row = 2, stick = "e")
txt_hdate = tk.Label(Forms, text = "入职日期:", font = ('微软雅黑', 12), bd = 15)
txt_hdate.grid(row = 3, stick = "e")
txt_sal = tk.Label(Forms, text = "薪水:", font = ('微软雅黑', 12), bd = 15)
txt_sal.grid(row = 4, stick = "e")
txt_dept = tk.Label(Forms, text = "所在部门:", font = ('微软雅黑', 12), bd = 15)
txt_dept.grid(row = 5, stick = "e")

txt_result = tk.Label(Buttons)
txt_result.pack(side = tk.TOP)


# ============ 创建文本输入框控件 =========================================
empno = tk.Entry(Forms, textvariable = EMPNO, width = 30)
empno.grid(row = 0, column = 1)
```

```python
emname = tk.Entry(Forms, textvariable = ENAME, width = 30)
emname.grid(row = 1, column = 1)
job = tk.Entry(Forms, textvariable = JOB, width = 30)
job.grid(row = 2, column = 1)
hdate = tk.Entry(Forms, textvariable = HDATE, width = 30)
hdate.grid(row = 3, column = 1)
job = tk.Entry(Forms, textvariable = SAL, width = 30)
job.grid(row = 4, column = 1)
dept = tk.Entry(Forms, textvariable = DEPT, width = 30)
dept.grid(row = 5, column = 1)

# ============= 创建按钮控件 =========================================
btn_create = tk.Button(Buttons, width = 10, text = "插入", command = create)
btn_create.pack(side = tk.LEFT)
btn_read = tk.Button(Buttons, width = 10, text = "查询", command = read)
btn_read.pack(side = tk.LEFT)
btn_update = tk.Button(Buttons, width = 10, text = "更新", state = tk.DISABLED, command =
modify)
btn_update.pack(side = tk.LEFT)
btn_delete = tk.Button(Buttons, width = 10, text = "删除", state = tk.DISABLED, command =
remove)
btn_delete.pack(side = tk.LEFT)
btn_exit = tk.Button(Buttons, width = 10, text = "退出", command = exitapp)
btn_exit.pack(side = tk.LEFT)

# ============= 创建表格控件 =========================================

scrollbary = tk.Scrollbar(Right, orient = tk.VERTICAL)
scrollbarx = tk.Scrollbar(Right, orient = tk.HORIZONTAL)
table = ttk.Treeview(Right,
            columns = ("员工编号", "姓名", "职位", "入职日期", "薪水", "所在部门"),
                    height = 50,
                    show = 'headings',
                    yscrollcommand = scrollbary.set,
                    xscrollcommand = scrollbarx.set)

table.tag_configure('even', background = '#ADD8E6')  # 声明表格行奇数行 tag
table.tag_configure('odd', background = 'white')      # 声明表格行偶数行 tag

scrollbary.config(command = table.yview)
scrollbary.pack(side = tk.RIGHT, fill = tk.Y)
scrollbarx.config(command = table.xview)
scrollbarx.pack(side = tk.BOTTOM, fill = tk.X)

table.heading('员工编号', text = "员工编号")
table.heading('姓名', text = "姓名")
table.heading('职位', text = "职位")
table.heading('入职日期', text = "入职日期")
table.heading('薪水', text = "薪水")
table.heading('所在部门', text = "所在部门")
```

```
table.column(column = 0, width = 80)
table.column(column = 1, width = 80)
table.column(column = 1, width = 80)
table.column(column = 1, width = 80)
table.column(column = 1, width = 80)
table.column(column = 1, width = 80)
table.pack()
# 绑定表格控件选中事件
table.bind('<< TreeviewSelect >>', item_selected)①

if __name__ == '__main__':
    window.mainloop()
```

需要注意上述代码第①行是绑定表格控件选中事件，当用户选中表格中一行数据时，会调用 selected() 函数。

微课视频

12.4.3　查询按钮实现

查询按钮实现代码如下：

```
...
def read():
    """ 查询所有数据 """

    # 删除表格中的数据
    for item in table.get_children():
        table.delete(item)

    datas = db.findall()

    # 声明变量,保存 data 数据的行索引
    index = 0
    # 遍历数据 data

    # 遍历结果集
    for row in datas:
        # for row in data:
        # 声明 my_tag 变量,默认保存 'odd'
        my_tag = 'odd'
        if index % 2 == 0:
            # 如果是奇数保存 'even'
            my_tag = 'even'
        table.insert('', tk.END,
                     values = (row['EMPNO'], row['ENAME'],
         row['JOB'], row['HIREDATE'], row['SAL'], row['DEPT']),
                        tags = my_tag) # 添加数据到末尾
        # 累计行索引
        index += 1
```

12.4.4 选中表格数据实现

微课视频

当用户选中表格中的一行数据时,处理相关代码如下:

```
...
def item_selected(event):
    """ 选中行事件处理 """
    # 获得选中行
    selected_items = table.selection()          # 获取选中行
    if not selected_items:                       # 检查是否有选中行
        return                                   # 如果没有选中行,直接退出函数

    item_id = selected_items[0]

    # row = item['values']                       # 获得选中行中的数据
    # 通过 ID 获取选中行的值
    row = table.item(item_id)['valucs']
    EMPNO.set(row[0])
    ENAME.set(row[1])
    JOB.set(row[2])
    HDATE.set(row[3])
    SAL.set(row[4])
    DEPT.set(row[5])

    btn_update.config(state = tk.NORMAL)         # 设置按钮状态为可用
    btn_delete.config(state = tk.NORMAL)         # 设置按钮状态为可用
```

12.4.5 插入按钮实现

微课视频

插入按钮实现代码如下:

```
...
def create():
    """ 插入数据 """

    data = {}

    if EMPNO.get() == '':                        ①
        messagebox.showwarning('警告', '员工编号不能为空!')
        return
    else:
        data['EMPNO'] = int(EMPNO.get())

    if ENAME.get() == '':                        ②
        messagebox.showwarning('警告', '员工姓名不能为空!')
        return
    else:
        data['ENAME'] = ENAME.get()
```

```
        data['JOB'] = JOB.get()
        data['SAL'] = float(SAL.get())
        data['HIREDATE'] = HDATE.get()
        data['DEPT'] = DEPT.get()

        result = db.insertdata(data)
        if result == -1:
            txt_result.config(text = "插入数据失败!", fg = "red")
        else:
            txt_result.config(text = "插入数据成功.", fg = "green")
```

    在插入数据时需要注意，插入的数据需要验证，因为用户输入可能会有误，或者是不合法的。上述代码第①行验证员工编号不能为空，类似代码第②行验证员工姓名不能为空。

微课视频

12.4.6　更新按钮实现

    更新按钮实现代码如下：

```
def modify():
    """ 更新数据 """

    data = {}

    if EMPNO.get() == '':
        messagebox.showwarning('警告', '员工编号不能为空!')
        return
    else:
        data['EMPNO'] = int(EMPNO.get())

    if ENAME.get() == '':
        messagebox.showwarning('警告', '员工姓名不能为空!')
        return
    else:
        data['ENAME'] = ENAME.get()

    data['JOB'] = JOB.get()
    data['SAL'] = float(SAL.get())
    data['HIREDATE'] = HDATE.get()
    data['DEPT'] = DEPT.get()

    result = db.updatedata(data)
    if result == -1:
        txt_result.config(text = "更新数据失败!", fg = "red")
    else:
        txt_result.config(text = "更新数据成功。", fg = "green")
```

微课视频

12.4.7　删除按钮实现

    删除按钮实现代码如下：

```
def remove():
    """ 删除数据 """
```

```
if EMPNO.get() == '':
    messagebox.showwarning('警告', '员工编号不能为空!')
    return
else:
    # 获取员工编号
    id = int(EMPNO.get())

result = db.deletedata(id)
if result == -1:
    txt_result.config(text = "删除数据失败!", fg = "red")
else:
    txt_result.config(text = "删除数据成功。", fg = "green")
```

12.4.8 退出按钮实现

微课视频

退出按钮实现代码如下：

```
def exitapp():
    result = tk.messagebox.askokcancel('简单的 CRUD 应用', '您确定退出吗?',
                                       icon = "warning")
    if result:
        window.destroy()              # 销毁窗口对象释放资源
        exit()                        # 退出系统
```

12.5 动手练一练

1. 判断题

(1) 如果表中只有一条记录，可以使用游标的 fetchone() 或 fetchall() 函数提取数据。
(   )

(2) 关闭数据库连接是好的编程习惯，它释放资源。(   )

2. 编程题

将 9.7 节的编程题(4)的 BMI 计算器再次升级：将 BIM 计算的结果保存在数据库中。

> 💡提示　创建数据库和保存 BIM 数据的 SQL 语句如下：

```
-- 创建数据库
create database bmi_db;
-- 创建 BMI 日志表
create table bmilog(
        logid INTEGER PRIMARY KEY NOT NULL AUTO_INCREMENT,
    logdate datetime ,
    logddata float
);
```

第 13 章

访问 Excel 文件

Python 社区中有很多实用的第三方库,本章介绍访问 Excel 文件相关库,以及如何安装和使用这些库。

13.1　使用 xlwings 库读写 Excel 文件

Python 程序访问 Excel 文件需要第三方库,这些库有很多,常用的有 xlrd/xlwt、openpyxl、xlwings 和 pywin32 等。其中 xlwings 库简单强大,它的优点如下:

（1）可以调用 VBA 中的宏函数。

（2）在 VBA 中也可以调用 Python 模块函数。

（3）拥有丰富的接口,能将 Pandas、Numpy 和 Matplotlib 库很好地结合。

（4）批量处理数据效率高。

在命令提示符下安装 xlwings 库的 pip 指令如下:

```
pip install xlwings
```

在 Windows 平台安装过程如图 13-1 所示。

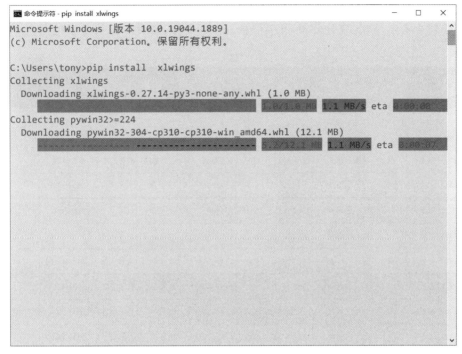

图 13-1 在 Windows 平台安装过程

13.1.1 xlwings 库中对象层次关系

微课视频

使用 xlwings 库,首先需要了解 xlwings 库中对象层次关系,如图 13-2 所示。从图中可见,App 是 Excel 应用程序对象,使用 App 对象可以打开、关闭和保存 Excel 文件。一个 App 对象可以包含多个 Book 对象,Book 就是工作簿对象。一个 Excel 文件就是一个工作簿对象。一个 Book 对象可以包含多个 Sheet(工作表)对象。一个 Sheet 对象中又可以包含多个单元格区域 Range 对象。

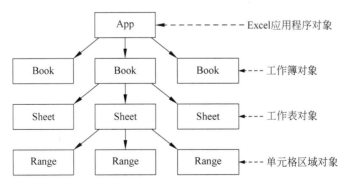

图 13-2 xlwings 库中对象层次关系

13.1.2 读取 Excel 文件数据

如图 13-3 所示为"北京分公司-员工信息. xlsx"文件，读者可以从本书配套代码中获得该文件。

编号	姓名	性别	民族	籍贯	出生年月	学历	联系电话	工作部门	职务	参工时间
1011	张炜	男	汉	上海	1983/12/13	专科	1398066****	技术部	技术员	2004/11/10
1012	薛敏	女	汉	北京	1985/9/15	硕士	1359641****	技术部	技术员	2004/4/8
1013	胡艳	女	汉	德阳	1982/9/15	本科	1369458****	销售部	销售代表	2003/11/10
1014	杨晓莲	女	汉	成都	1985/6/23	专科	1342674****	销售部	销售代表	2004/11/10
1015	张磊	男	汉	成都	1983/11/2	专科	1369787****	技术部	技术员	2004/4/8
1027	柳飘飘	女	汉	绵阳	1982/11/20	本科	1531121****	销售部	技术员	2005/10/7
1028	林零七	男	汉	绵阳	1984/4/22	本科	1334678****	销售部	技术员	2005/12/22
1029	周旺财	男	汉	上海	1983/12/13	本科	1398066****	技术部	销售代表	2006/4/1
1030	张小强	男	汉	北京	1985/9/15	本科	1359641****	技术部	销售代表	2006/4/2
1031	柏古今	男	汉	德阳	1982/9/15	高中	1369458****	销售部	技术员	2006/4/3
1032	余邱子	女	汉	成都	1985/6/23	本科	1342674****	销售部	会计	2006/4/4
1033	吴名	男	汉	成都	1983/11/2	硕士	1369787****	技术部	销售代表	2006/4/5

图 13-3 · "北京分公司-员工信息. xlsx"文件

使用 xlwings 库打开"北京分公司-员工信息. xlsx"文件并读取单元格内容，示例代码如下：

```
# coding = utf - 8
# 13.1.2 读取 Excel 文件数据
import xlwings as xw

app = None
try:
    # 创建 App 对象
    app = xw.App(visible = False, add_book = False)          ①
```

```
    f = r'data/员工信息.xlsx'
    wb = app.books.open(f)              # 打开 Excel 文件返回一个工作簿对象    ②
    sheet1 = wb.sheets['北京分公司']      # 通过工作表名返回工作表对象         ③
    sheet2 = wb.sheets[0]               # 通过工作表集合索引返回工作表对象
    sheet3 = wb.sheets.active           # 返回活动工作表对象

    rng = sheet1.range('B2')            # 通过字符串 B2 返回单元格对象        ④
    print('单元格 B2:', rng.value)        # 打印单元格内容
    print('单元格 B2:', rng.value)
    rng = sheet1.range((2, 2))          # 通过元组返回单元格对象             ⑤
    print('单元格 B2:', rng.value)
    rng = sheet1.range('a1:f1')         # 通过字符串返回单元格区域
    print('返回表头:', rng.value)         # 返回单元格区域内容
    rng = sheet1.range('a1:f7')         # 通过字符串返回单元格区域
    print(rng.value)                    # 返回单元格区域内容               ⑥

    wb.close()                          # 关闭工作簿对象                  ⑦
finally:
    app.quit()                          # 退出 Excel 应用程序             ⑧
```

上述代码运行结果如下：

单元格 a1: 张炜
单元格 B2: 张炜
单元格 B2: 张炜
返回表头: ['编号', '姓名', '性别 ', '民族 ', '籍贯 ', '出生年月']
[['编号', '姓名', '性别 ', '民族 ', '籍贯 ', '出生年月'], [1011.0, '张炜', '男', '汉', '上海', datetime.datetime(1983, 12, 13, 0, 0)], [1012.0, '薛敏', '女', '汉', '北京', datetime.datetime(1985, 9, 15, 0, 0)], [1013.0, '胡艳', '女', '汉', '德阳', datetime.datetime(1982, 9, 15, 0, 0)], [1014.0, '杨晓莲', '女', '汉', '成都', datetime.datetime(1985, 6, 23, 0, 0)], [1015.0, '张磊', '男', '汉', '成都', datetime.datetime(1983, 11, 2, 0, 0)], [1027.0, '柳飘飘', '女', '汉', '绵阳', datetime.datetime(1982, 11, 20, 0, 0)]]

上述代码第①行创建 App 对象，参数 visible=False 是设置以不可见方式运行，采取该种方式运行整个读取过程看不到启动 Excel 应用程序，Excel 应用程序在后台运行；add_book 参数表示是否创建新的工作簿，如果是打开文件，则一般设置为 False。代码第②行打开 Excel 文件返回工作簿对象。

代码第③行中 wb.sheets 是工作表对象集合，从工作表集合中返回工作表对象有多种方法，其中 sheets['北京分公司'] 是通过工作表名获得；wb.sheets[0] 是通过索引获得；wb.sheets.active 属性可以获得活动工作表。

获得工作表中的单元格，可以通过两种方法：①通过字符串，见代码第④行；②通过元组，见代码第⑤行。

代码第⑥行中 rng.value 表达式返回单元格区域的内容，该内容是一个二维列表（即列表中嵌套列表）。代码第⑦行关闭工作簿对象。

代码第⑧行退出 Excel 应用程序，注意该代码应该置于 finally 代码块中，这可以防止在程序出现异常时也能退出应用。

13.1.3 获得表格区域

有时需要获得 Excel 中的表格，以便于进行操作和访问，选择表格区域可以通过表格单元格对角线表示，如图 13-4 所示"北京分公司-员工"信息表可以表示为 A1:K13。

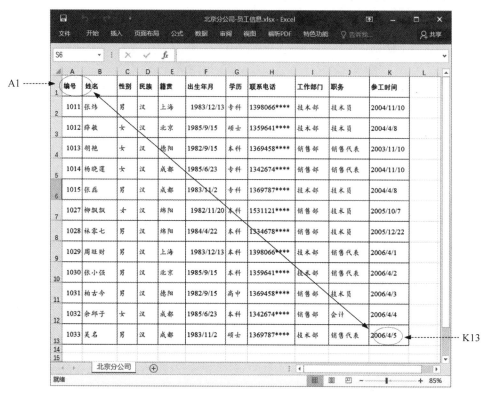

图 13-4　"北京分公司-员工"信息表

示例代码如下：

```
# coding = utf - 8
# 13.1.3 - 1 获得表格区域

import xlwings as xw

app = None
try:
    # 创建 App 对象
    app = xw.App(visible = False, add_book = False)
    f = r'data/北京分公司 - 员工信息.xlsx'
    wb = app.books.open(f)
    sheet1 = wb.sheets['北京分公司']
    # 获得表格区域
    rng = sheet1.range('A1:K13')        # 通过单元格对角线字符串指定表格区域
    L = rng.value
```

```
# 打印二维数组 L1
print(" 打印二维数组 L1 ------------ ")

for x in L:
    print(x)

    wb.close()                              # 关闭工作簿对象
finally:
    app.quit()                              # 退出 Excel 应用程序
```

上述代码运行结果不再赘述,但上述代码获得的表格是硬编码方式指定区域的,如果是一个未知表格,如何通过程序代码动态获得它的区域呢?单元格获得所在的区域有一个 current_region 属性可以获得某个单元格所在的区域。

使用 current_region 属性的示例代码如下:

```
# coding = utf - 8
# 13.1.3 - 2 获得表格区域
import xlwings as xw

app = None
try:
    # 创建 App 对象
    app = xw.App(visible = False, add_book = False)
    f = r'data/北京分公司 - 员工信息.xlsx'
    wb = app.books.open(f)
    sheet1 = wb.sheets['北京分公司']
    # 获得表格区域
    # rng = sheet1.range('A1:K34')          # 通过单元格对角线字符串指定表格区域
    rng = sheet1.range('A1').current_region # 通过单元格获得所在的区域
    L = rng.value

    # 打印二维数组 L1
    print(" 打印二维数组 L1 ------------ ")

    for x in L:
        print(x)

    wb.close()                              # 关闭工作簿对象
finally:
    app.quit()                              # 退出 Excel 应用程序
```

13.1.4　获得表格行数和列数

微课视频

有时需要知道一个单元格区域的行数和列数,这可以通过 Range 区域对象的 rows 和 columns 属性获得区域的行和列集合,然后再通过集合的 count 属性获得行数和列数,示例代码如下:

```
# coding = utf - 8
# 13.1.4 获得表格行数和列数
```

```
import xlwings as xw

app = None
try:
    # 创建 App 对象
    app = xw.App(visible = False, add_book = False)
    f = r'data/北京分公司 - 员工信息.xlsx'
    wb = app.books.open(f)                    # 打开 Excel 文件返回一个工作簿对象
    sheet1 = wb.sheets['北京分公司']           # 通过工作表名返回工作表对象

    rng = sheet1.range('A1').current_region   # 获得表格区域
    rows = rng.rows.count                     # 获得表格行数
    print('行数', rows)
    columns = rng.columns.count               # 获得表格列数
    print('列数', columns)

    wb.close()                                # 关闭工作簿对象
finally:
    app.quit()                                # 退出 Excel 应用程序
```

微课视频

13.2　向 Excel 文件写入数据

对于 Excel 文件的访问，不仅读取文件，还包括了写入文件。本节介绍如何通过 xlwings 库写入 Excel 文件的一些场景。

13.2.1　向单元格区域写入数据

向单元格区域写入数据可以分为如下几种情况：

（1）写入单元格数据，如图 13-5 中标记①所示。

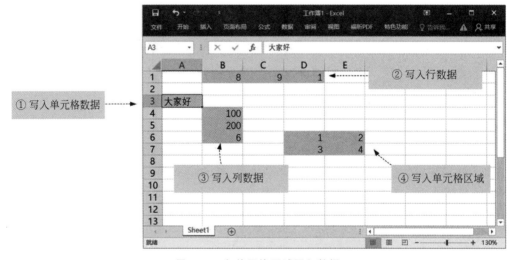

图 13-5　向单元格区域写入数据

（2）写入行数据，如图 13-5 中标记②所示，需要提供一维列表。

（3）写入列数据，如图 13-5 中标记③所示，需要提供一维列表。

（4）写入单元格区域中，如图 13-5 中标记④所示，需要提供二维列表。

示例代码如下：

```
# coding = utf - 8
# 13.2.1 向单元格区域写入数据

import xlwings as xw


app = None
try:
    # 创建 App 对象
    app = xw.App(visible = False, add_book = True)
    # 创建一个新的工作簿对象，并且返回该工作表工作簿对象
    wb = xw.Book()
    sheet = wb.sheets.active
    sheet.range('a3').value = '大家好'                    # 写入单元格数据
    sheet.range("b1:d1").value = [8, 9, 1]               # 写入行数据
    sheet.range("b4:b6").value = [[100], [200], [6]]     # 写入列数据
    sheet.range('D6').value = [[1, 2], [3, 4]]           # 写入单元格区域中

    f = r'data/temp.xlsx'
    wb.save(path = f)                                    # 保存文件
    wb.close()                                           # 关闭工作簿对象
finally:
    app.quit()                                           # 退出 Excel 应用程序
print('写入完成。')
```

上述程序代码运行后，会在当前 data 目录下生成一个 temp.xlsx 文件。

13.2.2　插入单元格和单元格区域

插入单元格和单元格区域，可以使用 Range 对象的 insert()函数实现。

如何在图 13-6 中插入单元格和单元格区域呢？

示例代码如下：

微课视频

```
# coding = utf - 8
# 13.2.2 插入单元格和单元格区域

import xlwings as xw


app = None
try:
    # 创建 App 对象
    f = r'data/北京分公司 - 员工信息.xlsx'
```

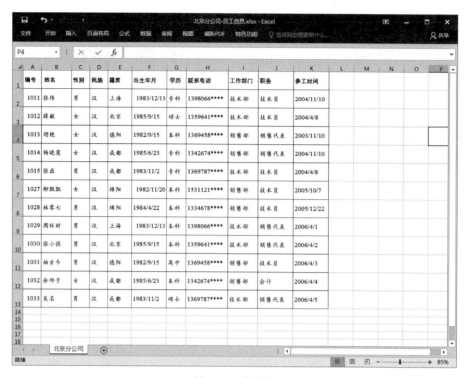

图 13-6 信息表

```python
app = xw.App(visible = True, add_book = False)
wb = app.books.open(f)
sheet = wb.sheets['北京分公司']
sheet.range('b1').insert()                              # 在 b1 单元格上方插入单元
sheet.range('b1').value = '大家好'                       # 在 b1 单元格添加数据
sheet.range('b1').insert()
sheet.range('b1').value = '大家好'
sheet.range('b1').insert()
sheet.range('b1').value = '大家好'
sheet.range('c1:e1').insert()                           # 在 c1:e1 单元格区域上方插入单元
sheet.range("c1:e1").value = ['刘备', '关羽', '张飞']     # 在 c1:e1 单元格中添加区域内容
sheet.range('f1:f3').insert()                           # 在 f1:f3 单元格区域左方插入单元
sheet.range("f1:f3").value = [[100], [200], [6]]        # 在 f1:f3 单元格中添加区域内容

f = r'data/北京分公司 - 员工信息 2.xlsx'
wb.save(path = f)                                       # 保存文件
wb.close()                                              # 关闭工作簿对象
finally:
    app.quit()                                          # 退出 Excel 应用程序
print('写入完成。')
```

上述代码运行结果如图 13-7 所示。

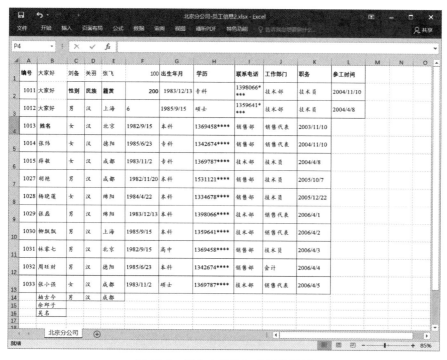

图 13-7 插入单元格和单元格区域

13.2.3 删除单元格和单元格区域

删除单元格和单元格区域,可以使用 Range 对象的 delete()函数实现。
示例代码如下:

微课视频

```
# coding = utf - 8
# 13.2.3 删除单元格和单元格区域

import xlwings as xw

app = None
try:
    # 创建 App 对象
    f = r'data/北京分公司 - 员工信息 2.xlsx'

    app = xw.App(visible = True)
    wb = app.books.open(f)
    sheet = wb.sheets['北京分公司']
    sheet.range('b1').delete()          # 删除 b1 单元格,下方单元格上移
    sheet.range('b1').delete()
    sheet.range('b1').delete()
    sheet.range('c1:e1').delete()       # 删除 c1:e1 单元格区域,下方单元格区域上移
    sheet.range('f1:f3').delete()       # 在 f1:f3 单元格区域左方插入单元格
```

```
        f = r'data/北京分公司 - 员工信息 3.xlsx'
        wb.save(path = f)                          # 保存文件
        wb.close()                                 # 关闭工作簿对象
    finally:
        app.quit()                                 # 退出 Excel 应用程序
    print('写入完成。')
```

上述代码读取"北京分公司-员工信息 2.xlsx"文件删除若干单元格和单元格区域,然后再保存为"北京分公司-员工信息 3.xlsx"。

微课视频

13.2.4 插入工作表

插入工作表,可以使用工作表集合的 add()函数实现,示例代码如下:

```
# coding = utf - 8
# 13.2.4 插入工作表

import xlwings as xw

app = None
try:
    # 创建 App 对象
    app = xw.App(visible = False, add_book = True)        # add_book 参数设置为 True
    # 创建一个新的工作簿对象,并且返回该工作表工作簿对象
    wb = xw.Book()
    sheet = wb.sheets.active
    sheet.name = '北京分公司'                              # 为工作表改名              ①
    sheet.range('a1').value = '北京分公司同事大家好!'
    # 在"北京分公司"工作表之前添加"上海分公司"工作表
    sheet2 = wb.sheets.add(name = '上海分公司', after = '北京分公司')        ②
    sheet2.range('a1').value = '上海分公司同事大家好!'
    # 在"北京分公司"工作表之后添加"天津分公司"工作表
    sheet3 = wb.sheets.add(name = '天津分公司', before = '北京分公司')       ③
    sheet3.range('a1').value = '天津分公司同事大家好!'

    f = r'data/插入工作表.xlsx'
    wb.save(path = f)                              # 保存文件
    wb.close()                                     # 关闭工作簿对象
finally:
    app.quit()                                     # 退出 Excel 应用程序
print('写入完成。')
```

上述代码运行结果如图 13-8 所示,可见有三个工作表。

上述代码运行时,首先会新建工作簿,默认会有一个工作表,代码第①行将工作表修改为"北京分公司"。

代码第②行在"北京分公司"工作表之前添加"上海分公司"工作表。

代码第③行在"北京分公司"工作表之后添加"天津分公司"工作表。

13.2.5 删除工作表

删除工作表,可以使用工作表集合的 delete()函数实现,示例代码如下:

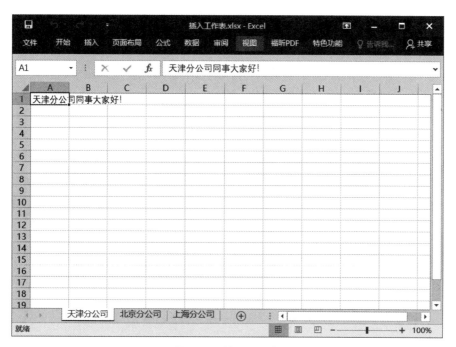

图 13-8　插入工作表

```
# coding = utf - 8
# 13.2.5 删除工作表

import xlwings as xw

app = None
try:
    # 创建 App 对象
    app = xw.App(visible = False, add_book = True)          # add_book 参数设置为 True
    # 创建一个新的工作簿对象,并且返回该工作表工作簿对象
    f = r'data/插入工作表.xlsx'
    wb = app.books.open(f)                                  # 打开 Excel 文件返回一个工
                                                            # 作簿对象
    wb.sheets['北京分公司'].delete()                          # 删除"北京分公司"工作表
    wb.sheets['上海分公司'].delete()                          # 删除"上海分公司"工作表
    wb.sheets.add()                                         # 添加一个空的工作表
    f2 = r'data/删除工作表.xlsx'
    wb.save(path = f2)                                      # 保存文件
    wb.close()                                              # 关闭工作簿对象
finally:
    app.quit()                                             # 退出 Excel 应用程序
print('写入完成。')
```

上述代码运行结果如图 13-9 所示,可见有两个工作表。

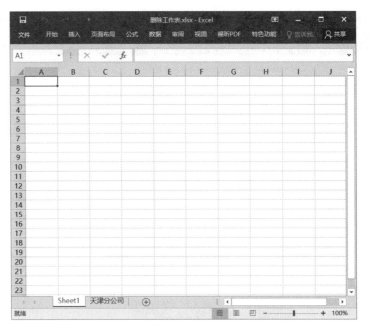

图 13-9　删除工作表

13.3　pywin32 库批量处理 Excel 文件

有时希望对 Excel 文件有更多的控制，可以使用 pywin32 库，pywin32 可以轻松访问 Windows 的组件对象模型（COM），并通过 Python 控制 Microsoft 应用程序。pywin32 更适合控制 Microsoft 应用程序，如批量文件打开、保存和格式转换等。

在命令提示符下安装 pywin32 库的 pip 指令如下：

pip install pywin32

在 Windows 平台安装过程如图 13-10 所示。

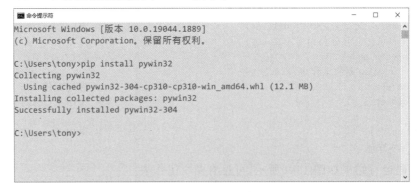

图 13-10　在 Windows 平台安装过程

下面通过几个示例介绍如何使用 pywin32 库批量处理 Excel 文件。

13.3.1 示例1：转换.xls文件为.xlsx文件

Excel 文件主要有以下两种后缀名：

（1）.xls：是 Excel 1997—2003 版本的格式；xls 是二进制的复合文档类型的结构。

（2）.xlsx：使用新的基于 XML 的压缩文件格式，使其占用空间更小、运算速度快。

读者或许有过这样的经历：转换.xls 文件为.xlsx 文件，通常会使用 Excel 程序将.xls 文件打开，然后再另存为.xlsx 文件即可。如果批量转换，那么这种做法是不可取的。

为了提高和优化用户交互界面，本示例可以使用 Tkinter 控件实现，如图 13-11 所示的"文件选择器"窗口用户操作流程如下：

（1）单击"选择输入文件"按钮选择要转换的 Excel 文件。

（2）单击"选择输出文件夹"按钮选择输出的文件夹。

（3）单击"转换"按钮开始转换。

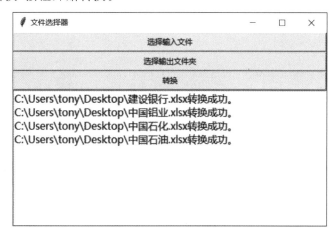

图 13-11 "文件选择器"窗口

示例代码如下：

```
# coding = utf - 8
# 13.3.1 示例1 转换.xls文件为.xlsx文件
import os
import tkinter as tk
from tkinter import filedialog, messagebox, END
import win32com.client # 导入 win32com 模块

# 选择的问题
selectedfiles = None
# 输出文件目录
selectedoutdir = None

window = tk.Tk()
```

```python
window.title('文件选择器')
window.geometry('500x300')


def onclick1():
    filetypes = [('选择 Excel 文件', '*.xls')]
    global selectedfiles
    # 选择多个 Excel 文件
    selectedfiles = filedialog.askopenfilenames(title = '选择多个 Excel 文件',
                                                 initialdir = '..',
                                                 filetypes = filetypes)


def onclick2():
    global selectedoutdir
    # 选择目录
    selectedoutdir = filedialog.askdirectory()


def onclick3():
    excelapp = None
    try:
        excelapp = win32com.client.Dispatch('Excel.Application') # 创建 Excel 应用程序对象
        excelapp.Visible = False              # 设置 Excel 应用程序运行过程中可见
        excelapp.DisplayAlerts = False        # 设置 Excel 应用程序不弹出警告框

        for infile in selectedfiles:
            # 获得文件名(包括文件名和扩展名)
            filename = os.path.split(infile)[1]
            # 获得文件基本名(不包括文件扩展名)
            base_name = filename.split(".")[0]
            # 打开输入文件
            wb = excelapp.Workbooks.Open(infile)
            outfilename = base_name + '.xlsx'
            # 拼接文件名和目录,获得输出文件完整路径
            outfile = os.path.join(selectedoutdir, outfilename)
            # 在 Windows 平台需要将斜杠/替换为反斜杠\
            outfile = outfile.replace('/', '\\')
            # 常量 51 表示 Excel 采用 Open XML 工作簿格式的.xlsx 文件
            wb.SaveAs(outfile, FileFormat = 51)
            # 向文本区控件中追加日志信息
            text.insert(END, outfile + "转换成功。\n\r")
            print(outfile, "转换成功.")
            wb.Close()                        # 关闭文件
    finally:
        excelapp.Quit()                       # 退出 Excel 应用程序
    print('写入完成。')


button1 = tk.Button(window, text = '选择输入文件', command = onclick1)
```

```
button2 = tk.Button(window, text = '选择输出文件夹', command = onclick2)
button3 = tk.Button(window, text = '转换', command = onclick3)

text = tk.Text(window)                    # 创建文本区控件
text.configure(font = ("微软雅黑", 12))    # 设置字体

# 添加按钮控件到窗口
button1.pack(fill = tk.BOTH)
button2.pack(fill = tk.BOTH)
button3.pack(fill = tk.BOTH)

text.pack(fill = tk.BOTH)

window.mainloop()
```

上述代码运行结果会在输出目录中看到转换成功的 .xlsx 文件，如图 13-12 所示。

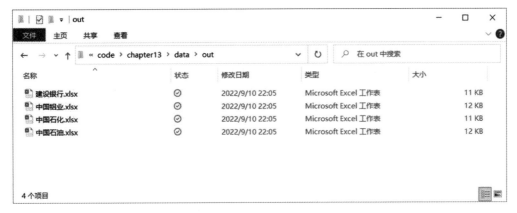

图 13-12 运行结果

13.3.2 示例 2：转换 Excel 文件为 .csv 文件

微课视频

Excel 文件和 .csv 文件都是电子表格文件，一般的 Excel 软件本身提供了将 Excel 文件转换为 .csv 文件的功能。

本节实现将 Excel 文件批量转换为 .csv 文件，这个示例与 13.3.1 节示例非常相似，主要区别在于："另存为"文件时格式有所不同，示例代码如下：

```
# coding = utf - 8
# 13.3.2 示例2 转换 Excel 文件为 .csv 文件
import os
import tkinter as tk
from tkinter import filedialog, messagebox, END
import win32com.client                    # 导入 win32com 模块

# 选择的问题
selectedfiles = None
# 输出文件目录
```

```python
selectedoutdir = None

window = tk.Tk()

window.title('文件选择器')
window.geometry('500x300')


def onclick1():
    filetypes = [('选择 Excel 文件', '*.xls'),                          ①
                 ('选择 Excel 文件', '*.xlsx')]
    global selectedfiles
    # 选择多个 Excel 文件
    selectedfiles = filedialog.askopenfilenames(title = '选择多个 Excel 文件',
                                                 initialdir = '..',
                                                 filetypes = filetypes)


def onclick2():
    global selectedoutdir
    # 选择目录
    selectedoutdir = filedialog.askdirectory()


def onclick3():
    excelapp = None
    try:
        excelapp = win32com.client.Dispatch('Excel.Application')  # 创建 Excel 应用程序对象
        excelapp.Visible = False                   # 设置 Excel 应用程序运行过程中可见
        excelapp.DisplayAlerts = False             # 设置 Excel 应用程序不弹出警告框

        for infile in selectedfiles:
            # 获得文件名(包括文件名和扩展名)
            filename = os.path.split(infile)[1]
            # 获得文件基本名(不包括文件扩展名)
            base_name = filename.split(".")[0]
            # 打开输入文件
            wb = excelapp.Workbooks.Open(infile)
            outfilename = base_name + '.csv'                            ②
            # 拼接文件名和目录,获得输出文件完整路径
            outfile = os.path.join(selectedoutdir, outfilename)
            # 在 Windows 平台需要将斜杠/替换为反斜杠\
            outfile = outfile.replace('/', '\\')
            # 常量 6 表示 CSV 文件
            wb.SaveAs(outfile, FileFormat = 6)                          ③
            # 向文本区控件中追加日志信息
            text.insert(END, outfile + "转换成功。\n\r")
            print(outfile, "转换成功。")
            wb.Close()                             # 关闭文件
    finally:
```

```
        excelapp.Quit()                             # 退出 Excel 应用程序
    print('写入完成。')


button1 = tk.Button(window, text='选择输入文件', command=onclick1)
button2 = tk.Button(window, text='选择输出文件夹', command=onclick2)
button3 = tk.Button(window, text='转换', command=onclick3)

text = tk.Text(window)                              # 创建文本区控件
text.configure(font=("微软雅黑", 12))               # 设置字体

# 添加按钮控件到窗口
button1.pack(fill=tk.BOTH)
button2.pack(fill=tk.BOTH)
button3.pack(fill=tk.BOTH)

text.pack(fill=tk.BOTH)

window.mainloop()
```

上述代码第①行声明文件类型,注意其中包括了.xls 和.xlsx 两种格式。代码第②行设置输出文件名。代码第③行调用 wb.SaveAs()方法时,需要指定 FileFormat=6。

上述示例代码运行结果不再赘述。

13.3.3 示例3:拆分 Excel 文件

微课视频

有时需要将一个 Excel 文件按照工作表,拆分为几个 Excel 文件。例如"股票历史交易数据.xlsx"文件(见图 13-13)。

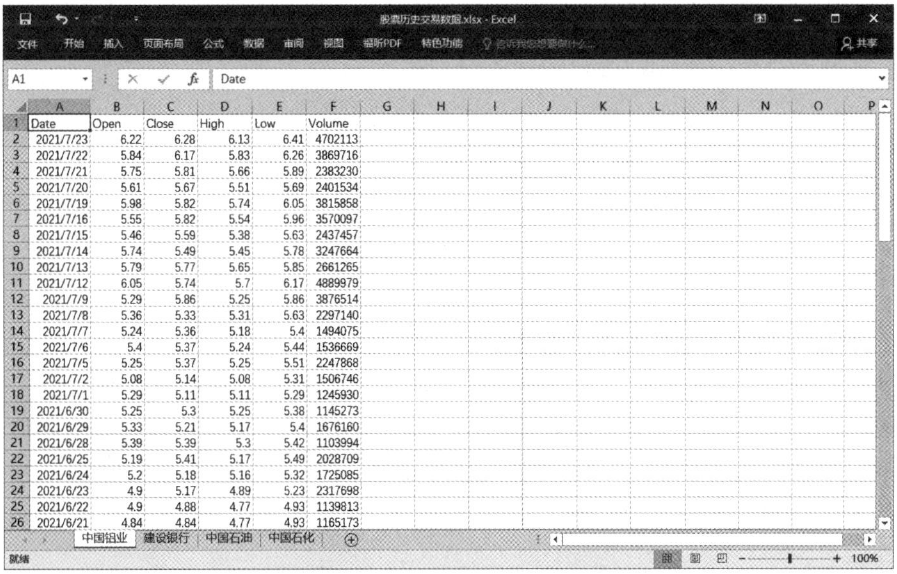

Date	Open	Close	High	Low	Volume
2021/7/23	6.22	6.28	6.13	6.41	4702113
2021/7/22	5.84	6.17	5.83	6.26	3869716
2021/7/21	5.75	5.81	5.66	5.89	2383230
2021/7/20	5.61	5.67	5.51	5.69	2401534
2021/7/19	5.98	5.82	5.74	6.05	3815858
2021/7/16	5.55	5.82	5.54	5.96	3570097
2021/7/15	5.46	5.59	5.38	5.63	2437457
2021/7/14	5.74	5.49	5.45	5.78	3247664
2021/7/13	5.79	5.77	5.65	5.85	2661265
2021/7/12	6.05	5.74	5.7	6.17	4889979
2021/7/9	5.29	5.86	5.25	5.86	3876514
2021/7/8	5.36	5.33	5.31	5.63	2297140
2021/7/7	5.24	5.36	5.18	5.4	1494075
2021/7/6	5.4	5.37	5.24	5.44	1536669
2021/7/5	5.25	5.37	5.25	5.51	2247868
2021/7/2	5.08	5.14	5.08	5.31	1506746
2021/7/1	5.29	5.11	5.11	5.29	1245930
2021/6/30	5.25	5.3	5.25	5.38	1145273
2021/6/29	5.33	5.21	5.17	5.4	1676160
2021/6/28	5.39	5.39	5.3	5.42	1103994
2021/6/25	5.19	5.41	5.17	5.49	2028709
2021/6/24	5.2	5.18	5.16	5.32	1725085
2021/6/23	4.9	5.17	4.89	5.23	2317698
2021/6/22	4.9	4.88	4.77	4.93	1139813
2021/6/21	4.84	4.84	4.77	4.93	1165173

图 13-13 "股票历史交易数据.xlsx"文件

从图 13-13 所示的文件中可见，该文件包括 4 个工作表，每一个工作表的数据拆分到一个单独的 Excel 文件中，文件按照工作表名称命名。

示例实现代码如下：

```
# coding = utf - 8
# 13.3.3 示例 3    拆分 Excel 文件
import os
import win32com.client

excelapp = None
try:
    # 创建 Excel 应用程序对象
    excelapp = win32com.client.Dispatch('Excel.Application')
    excelapp.Visible = False                    # 设置 Excel 应用程序运行过程中可见
    excelapp.DisplayAlerts = False              # 设置 Excel 应用程序不弹出警告框
    curr_path = (os.getcwd())                   # 获得当前脚本文件所在路径
    # 拼接文件和路径，获得源文件的完整路径
    f1 = os.path.join(curr_path, 'data/in/股票历史交易数据.xlsx')

    # 打开源文件，获得工作簿对象 wb1
    wb1 = excelapp.Workbooks.Open(f1)

    # 声明工作表索引，索引从 1 开始
    idx = 1
    for sheet in wb1.Worksheets:                # 遍历工作表集合
        wb2 = excelapp.Workbooks.Add()          # 创建一个新的工作簿 wb2             ①
        # 复制 wb1 中的工作表到 wb2，而且置于 Sheet1 工作表之后
        wb1.Worksheets(idx).Copy(Before = wb2.Sheets('Sheet1'))                     ②
        # 获得 wb1 的工作表名
        name = wb1.Worksheets(idx).Name
        # 拼接文件和路径，获得目标文件的完整路径
        f2 = os.path.join(curr_path, f'data/out/{name}.xlsx')
        print(name)
        # 获得 wb1 中 Sheet1 工作表
        wb2.Worksheets('Sheet1').Delete()                                          ③
        wb2.SaveAs(f2)                          # 保存工作簿 wb2
        idx += 1                                # 累计索引
        wb2.Close()                             # 关闭文件
finally:
    excelapp.Quit()                             # 退出 Excel 应用程序
print('写入完成。')
```

上述代码第①行首先创建一个新的工作簿对象，用来保存文件拆分后的文件。

代码第②行是实现拆分文件的关键，其中 wb1.Worksheets(idx) 表达式通过索引获得源工作表对象，而 wb2.Sheets('Sheet1') 表达式通过工作表名获得工作表对象。

代码第③行删除 wb1 中 Sheet1 工作表，这个工作表是每个新建的工作簿默认包含的一个工作表名。

13.3.4　示例4：合并Excel文件

微课视频

既然有拆分Excel文件的需求，自然也会有合并Excel文件的需求，将如图13-14所示的输入目录下的Excel文件进行合并，合并后的Excel文件的工作表名与文件名一致，合并后的文件参考如图13-13所示。

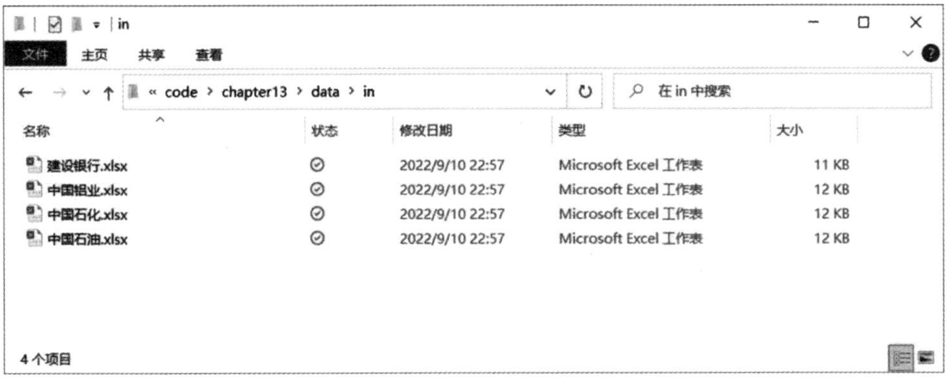

名称	状态	修改日期	类型	大小
建设银行.xlsx	⊘	2022/9/10 22:57	Microsoft Excel 工作表	11 KB
中国银业.xlsx	⊘	2022/9/10 22:57	Microsoft Excel 工作表	12 KB
中国石化.xlsx	⊘	2022/9/10 22:57	Microsoft Excel 工作表	12 KB
中国石油.xlsx	⊘	2022/9/10 22:57	Microsoft Excel 工作表	12 KB

图 13-14　输入目录下的 Excel 文件

合并示例实现代码如下：

```
# coding = utf - 8
# 13.3.4 示例 4  合并 Excel 文件
import os

import win32com.client

excelapp = None
try:
    # 创建 Excel 应用程序对象
    excelapp = win32com.client.Dispatch('Excel.Application')
    excelapp.Visible = False            # 设置 Excel 应用程序运行过程中可见
    excelapp.DisplayAlerts = False      # 设置 Excel 应用程序不弹出警告框
    curr_path = (os.getcwd())           # 获得当前脚本文件所在路径

    # 拼接文件和路径,获得源文件的完整路径
    f1p = os.path.join(curr_path, 'data/in/')

    wb1 = excelapp.Workbooks.Add()      # 创建一个新的工作簿 wb1

    for root, dirs, files in os.walk(f1p, topdown = False):
        for name in files:
            base_name = os.path.splitext(name)[0]
            path_name = os.path.join(root, name)
            wb2 = excelapp.Workbooks.Open(path_name)
            # 复制 wb2 中的工作表到 wb1,而且置于 Sheet1 工作表之后
            wb2.Worksheets(1).Copy(Before = wb1.Sheets(1))
            wb2.Close()
```

```
    # 获得 wb1 中 Sheet1 工作表
    wb1.Worksheets('Sheet1').Delete()

    # 拼接文件名和目录,获得输出文件完整路径
    outdir = os.path.join(curr_path, 'data/out/')

    f2 = os.path.join(outdir, '合并.xlsx')
    wb1.SaveAs(f2)                              # 保存工作簿 wb2

finally:
    excelapp.Quit()                            # 退出 Excel 应用程序
print('写入完成。')
```

13.4 动手练一练

1. 判断题

（1）xlwings 库中 App 对象表示一个 Excel 文件。（　　）

（2）xlwings 库中一个 Book 对象包含多个 Sheet 对象。（　　）

（3）xlwings 库中一个 Book 表示一个工作簿对象,一个工作簿对应一个 Excel 文件。
（　　）

2. 编程题

将 9.7 节编程题（4）中的 BMI 计算器再次升级：将 BMI 计算的结果保存在 Excel 文件中,注意每天一个工作表。

动手练一练参考答案

第 1 章　编写第一个 Python 程序

编程题

(1)、(2) 答案省略

第 2 章　Python 基本语法

1. 选择题

(1) BCDF　　(2) BC

2. 判断题

(1) √　　(2) √

3. 编程题

答案省略

第 3 章　Python 数据类型

1. 选择题

(1) ABC　　(2) ABCD

2. 判断题

(1) √　　(2) √

第 4 章　函数

1. 选择题

答案：ABCE

2. 填空题

答案：global

3. 判断题

答案：×

4. 编程题

答案省略

第 5 章　面向对象编程

1. 判断题

（1）√　（2）√　（3）√　（4）√　（5）√　（6）×

2. 选择题

答案：ABCD

第 6 章　日期和时间

编程题

（1）、（2）答案省略

第 7 章　异常处理

1. 简述题

答案：AttributeError、OSError、IndexError、KeyError、NameError、TypeError 和 ValueError 等。

2. 选择题

答案：CD

3. 判断题

（1）√　　（2）√

第 8 章　访问文件和目录

编程题

（1）、（2）、（3）答案省略

第 9 章　GUI 编程

编程题

（1）、（2）、（3）、（4）答案省略

第 10 章　网络编程

1. 简述题

答案省略

2. 编程题

（1）、（2）答案省略

第 11 章　多线程

1. 判断题

（1）√　　（2）√　　（3）√

2. 编程题

答案省略

第 12 章　MySQL 数据库编程

1. 判断题

（1）√　　（2）√

2. 编程题

答案省略

第 13 章　访问 Excel 文件

1. 判断题

（1）× 　　（2）√ 　　（3）√

2. 编程题

答案省略